知っているようで知らない
鳥の話

恐るべき賢さと魅惑に満ちた体をもつ生きもの

細川博昭

SB Creative

はじめに

　ツンドラが広がる北極圏や、氷に閉ざされた南極大陸から、赤道直下のジャングル、昼夜の気温変動が大きい砂漠まで、世界のあらゆる場所に鳥はいます。

　飛行機と高度を競う上空1万メートルを飛ぶ鳥もいれば、水深500メートルを超える深海で魚を追う鳥もいます。何か月間も無休で海上を飛び続けられる鳥もいます。そんな極限状況に耐えられる強さを、鳥の肉体はもっています。

　空を飛び、当たり前のように二足歩行をするだけでなく、他者の声を聞き分け、音声によるコミュニケーションも日常的に行います。人間の言語と概念を自分のものにして、人間と対等に会話を成立させる鳥もいます。

　一部の鳥にいたっては、道具の自作や、その利用までもやってのけます。美的な構造物をつくったり、高度なダンスパフォーマンスを披露して、自分が優れたオスであることをアピールする鳥もいます。羽毛色だけでなく、鳥たちがもつ才能や行動もまた、色とりどりです。

　そんな鳥のすごさをピックアップし、「宝石箱」に詰まった珠玉のイメージで、ぎゅっと凝縮。一冊の書籍として編んでみたのが本書です。あまり知られていない鳥の行動や体のこと、知っているとちょっと自慢できるよう

お詫びと訂正

サイエンス・アイ新書
『知っているようで知らない鳥の話』

このたびは、本書をお買い上げいただきまして、ありがとうございます。

本文中の図3点に誤りがありましたことをお詫びするとともに、以下に正しい図を掲載いたします。

p.15 「(3)ゴルフボールを複数で追う」

※裏面に続きます

※表面から続きます

p.29 「自作した棒を使って食べ物をたぐり寄せるシロビタイムジオウム」

p.54 「鳥が体内にもつ気嚢の配置図（イメージ）」

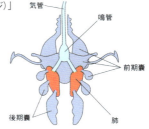

以上、謹んで訂正いたします。

な鳥の蘊蓄(うんちく)などを集め、並べてみました。

　編集にあたっては、同じ長さ、同じフォーマットの項目を画一的に並べるのではなく、注目すべき点をたくさんもっている鳥については、ページを増やしたり、複数の章に分散させるなどして、深く掘り下げて解説してみました。視点が単純化しないように、鳥たちをさまざまな角度から眺めることも意識しています。

　また、気が向いたとき、いつでも気軽に好きなところからページをめくれるような構成を考え、全体を組み立ててみました。

　人間は、動物のことはもちろん、人間という種である自分自身のことも、十分には理解できていません。それでも、イヌやネコが長く人間のそばで暮らしていたこと、人間もまた哺乳類の一員であることから、哺乳類に対してはそれなりの親近感をもち、理解しようという気持ちももっています。しかし、残念なことに、鳥類に対しては、そんな意識が向けられたことがあまりなく、21世紀の今にいたっても、理解はほとんど進んでいません。

　鳥がもつ能力や特質の一端を解説した本書のような本が、少しでも鳥についての関心を拡げることに役立ってくれて、鳥に興味をもつ人が増えることを切に願っています。さらにそれがまわりまわって、私たち人間という種、存在を理解するための一助になれば、と思っています。

　　　　　　鳥たちの声が響く仕事場にて　　細川博昭

CONTENTS

知っているようで知らない鳥の話
恐るべき賢さと魅惑に満ちた体をもつ生きもの

序章　いつか見た鳥のすごさを、僕たちはまだ知らない …… 7
鳥が内にもつ驚異の能力 …… 8

第1章　人間に比肩する能力 …… 11
1　カラスは「愉しむ」ために遊ぶ …… 12
2　カラスは道具を考える …… 19
3　オウムも道具をつくる …… 26
4　カケスの脳には「地図アプリ」がある …… 32
5　ヨウムは人間の概念を理解する …… 34
6　セキセイインコもあくびが移る …… 38
7　ブンチョウがもつ音楽の聞き分け能力と好み …… 40
8　ニワシドリは東屋（あずまや）をつくり、庭をつくって婚活 …… 42
9　ダンス、ダンス、ダンス！ …… 46
10　ササゴイは効率のよい漁でエサを確保 …… 48

第2章　魅惑に満ちた鳥の体 …… 53
1　高度1万メートルの薄い大気の中でも平気で飛行する …… 54
2　恒温性を保てない鳥たち …… 58
3　位置計測のプロフェッショナル …… 62
4　羽音を立てずに飛ぶ …… 64
5　鼻の穴がなくなった鳥 …… 66
6　ミルクで子育てをする鳥たち …… 68
7　孵化するタイミングを揃えて生まれてくる …… 74
8　構造色がつくる多彩な色 …… 78
9　零度の水につけても凍傷にならない足 …… 82
10　ウミガメの涙、海鳥の鼻水 …… 84

第3章 身近な鳥も秘密を隠す ………… 87

1 ハト　海水を飲むアオバト、
　　　位置を知るカワラバト ………………… 88
2 カラス　ハシボソガラスのクルミ割り ………… 93
3 ライチョウ　取り残された氷河期の遺児 ……… 100
4 ハヤブサ、チョウゲンボウ
　　スズメ、インコの親戚に!? ………………… 104
5 ウズラ　季節ごとに国内を渡る ………………… 108
6 オシドリ　オシドリのヒナは飛び降りて弾む …… 110
7 オナガ　従姉妹はイベリア半島住まい ………… 112
8 キツツキ　脳震盪は起こしません！ …………… 114
9 インコ　100年後には日本の鳥に？ …………… 116

第4章 体の特殊な部分、
　　　特別な能力 ………… 119

1 鳥は難聴にならない、鳥の耳は老化しない …… 120
2 鳥は基本的に高血圧 …………………………… 124
3 同サイズの哺乳類の数倍の寿命 ………………… 127
4 鳥は飲み込むときに味を感じている …………… 128
5 さえずりの要、息を止められる能力 …………… 130
6 鳥は眠りをコントロールする …………………… 132
7 翼がかつて恐竜の前肢だった証拠 ……………… 136
8 遺伝子のスイッチで羽毛とウロコを切り換え … 138
9 鳥の体重バランス ……………………………… 141
10 全身のセンサーが状態をキャッチ ……………… 142
11 体に毒をたくわえる鳥のしくみ ………………… 144
12 恐竜から受け継いだ産卵のしくみ ……………… 146

CONTENTS

- **13** 鳥が行う受精コントロール ……………… 152
- **14** 鳥の性染色体はZW ……………… 154
- **15** 胎生の鳥がいない理由 ……………… 156
- **16** 大きな眼球、近紫外線も見える目をもつ意味 ……… 158

第5章　興味深い鳥の行動や習性 …161

- **1** 水を運ぶ、ヒナを運ぶ ……………… 162
- **2** 鳥は他者の視線を追うことができる ……… 166
- **3** 鳥にとっての浮気と純愛 ……………… 168
- **4** たがいに押しつけあって、負けた方が子育てする？ ……… 171
- **5** 自分の遺伝子を残すためにここまでやる!? ……… 174
- **6** オスどうしでも育児 ……………… 177
- **7** 親の子育てを手伝うヘルパー鳥 ……… 180

COLUMN

- **01** 鳥の脳は重い！ ……………… 31
- **02** 待つことも重要な戦略？ ……………… 52
- **03** ドードーだってハトである ……………… 72
- **04** ペンギンとミズナギドリの微妙な関係 ……… 86
- **05** ヨタカは爪の櫛(くし)でヒゲを梳かす？ ……… 118
- **06** 実はいろいろある鳥の耳の秘密 ……… 123
- **07** 鳥にもメタボリック・シンドロームがある ……… 126
- **08** 足にも翼をもつ鳥が誕生する日はくる？ ……… 140
- **09** 骨粗鬆症の治療薬のヒントを鳥がくれるかもしれない ……… 150

索引 ……………… 184

参考文献 ……………… 187

序章

いつか見た鳥のすごさを、僕たちはまだ知らない

鳥が内にもつ驚異の能力

「指でできることは、くちばしでもできる。指では不可能なことも、尖(とが)ったくちばしには可能。必ずしも、指は必要ではない」

眺めている鳥から、そんな声が聞こえてくる気がすることがあります。

前肢(ぜんし)(前足)を翼に変化させることで空を飛ぶ能力を手に入れたかわりに、鳥は、「手」や「腕」を生み出すチャンスを永遠に失いました。翼化は不可逆の進化であるため、翼を前肢に戻して手をつくり、人間やサルやリスのように使うことは、もはやできません。

7000万年ものあいだ、翼に爪を残し続けたダチョウや、両翼に残る2本の爪を器用に使って木登りをするツメバケイのヒナの姿を見ると、五指があるコウモリや、鳥に進化する途上の恐竜のように、もしかしたら鳥にも、翼の内に指や爪を残して日常生活に利用するという選択肢があったのかもしれないと思うこともあります。

しかし、鳥はその選択をしませんでした。指も爪もきっぱり捨て去ることで、完璧な翼をもった現在の姿になり、今のような暮らしをするようになりました。

鳥は「くちばし」によって生かされている

生物は、生きるために、体の使える部位を最大限に活用します。ある目的に使えるとわかれば、本来の利用法ではない使い方も当然します。予想していなかった利用法を見て、「え?」と驚くこと

もありますが、驚きは一瞬で、その行為を見て、「なるほど」と納得するケースがほとんどです。
　進化の過程で、鳥が翼とともに得た「くちばし」は、翼以上に重要で、鳥の生活を基盤から支えるものとなりました。その後のさらなる進化で翼を失った鳥はいても、くちばしをなくした鳥がいないことが、鳥にとってのくちばしがもつ意味であり、くちばしがもつウェイトでもあります。
　くちばしは、頭部の軽量化を目的に、歯や顎の太い骨を犠牲にしてつくられました。本来は、「食べるためのもの」でしたが、顔面でもっともダイナミックに動かすことができる部位であったことから、威嚇や攻撃、怒りの表明、愛情表現などにも利用され、鳥の重要なコミュニケーション・ツールとなりました。
　今、くちばしは、こうした使い方のほか、くわえて持ち上げてものを運んだり、インコなどでは移動の際に体を支える「手」のような存在にもなっています。また、くちばしで「道具」を扱う鳥の場合、くちばしは「手」とほとんど変わらない役割を果たします。
　鳥の羽毛は完全な消耗品で、日々の繕いなしには十分な飛行能力を維持できませんが、細やかなメンテナンスによって、その機能を支えているのも、くちばしです。加えて、くちばしには、「センサー」というもう1つの重要な役割もあります。
　触れたものや周囲の温度を感じ、風向や風速を感じるとともに、舌がもつ感覚と統合するかたちで、くわえたものの味、質感、重さなどを理解します。そうした情報は脳にたくわえられ、判断材料としてさまざまな場面で活用されます。
　鳥の脳は、飛翔能力の高まりとともに高機能化しましたが、くちばしが日常的に多用され、脳を刺激し続けた結果、さらに脳の発達が促されて、鳥類の脳は哺乳類に匹敵するほど大きく、

重くなったのも事実です。さらに、あれこれ考え、くちばしを使った試行錯誤を繰り返してきた鳥の一部は、哺乳類を超える高度な脳機能をもつに至りました。

本書では、これから、鳥がもつ驚くべき能力や行動などについて語っていきますが、その背後に「くちばし」という存在があったことを頭の片隅に置いて読んでいただけると、鳥の「真の姿」がよりイメージしやすくなるかもしれません。

もちろん鳥には、くちばしとはまったく接点のない特徴や行動もいくつもあります。それらのすべては、鳥が進化の中で身につけたものです。鳥は愚か、取るに足らない生き物、などと決めつけることなく、同じ世界に生きる隣人として、その当たり前の姿、意外な姿を偏見なく見つめてもらえたなら、鳥について、新たに気づくことも多いのではないかと思います。また、それが、人間と鳥の未来をよいものにしてくれると願っています。

インコなどが、その鳥独自の楽しみを見つけたり、さまざまな遊びを自分で考えて実行できるのも、くちばしを活用する生き物であったがゆえと考えることができます。写真はオカメインコ。筆者宅にて

第1章

人間に比肩する能力

1 カラスは「愉しむ」ために遊ぶ

▶▶▶カラス類全般

　私たち人間は、ふだんからよく遊んでいますが、よくよく考えると、「遊ぶことができる」というのは、きわめて特殊なことであることに気づきます。

　精神的な余裕と時間的な余裕、その両方がないと遊ぶ気にはなりません。そもそも遊ぶためには、「遊びたい」という意思が不可欠です。また、緊張したり、精神的に追いつめられていると、「遊びたい」という気持ちは、心の隅に追いやられてしまいます。

　遊びには、ごく単純なものから、細かな「ルール」が存在する「ゲーム」的なものまでありますが、複雑な遊び、高度な遊びを行うには、思考したり、判断したり、情報を集めたりする力が必要で、そのためには発達した脳が欠かせません。

　逆に、発達した脳は、身のまわりにあるさまざまなものから遊びにつながるヒントを得て、それらを遊びやゲームの道具に変えてしまう「機能」ももつようになります。加えて、他者を巻き込んだ遊びでは、「心理的な駆け引き」という要素も生まれてきます。

　こうした人間の例が示すのは、動物が「遊ぶ」というところにたどり着くまでには、いくつもの大きなハードルがあるということです。動物はそれを、簡単には乗り越えることができません。

　この点、人間はかなり特殊です。人間は高度に進化した脳をもち、科学や文明を手にして、暮らしの中で「安心」を手に入れました。強い恐怖や緊張を強いられることが減って、自由な時間も手に入れました。一方で、人間関係や仕事から、これまで存在しなかったストレスが生まれるようになり、その精神的苦痛を減

ハシボソガラス

ハシブトガラスと並んで、国内でよく見られるカラス。岩に貝を落としたり、自動車にクルミを轢かせて割ることがあるのは、彼ら。写真は幼鳥　写真提供：NPO法人札幌カラス研究会、中村眞樹子氏

DATA　留鳥。日本国内はもちろん、世界の広い範囲で見られます。ガァーガァーやグアァなど、濁った声で鳴きます。東京など大都市圏では、都心部よりも少し離れた郊外に多く棲みます。ハシブトガラスよりも、やや小柄。

らすために、人間は遊びの中に飛び込み、遊びを通して心や体をリフレッシュするようにもなりました。こうした複数の要因が複雑に絡まり合って、人間は「遊ぶ」わけです。

カラスだけが大きくちがう

　野生の動物は、子供の時期を除いて基本的に遊びません。捕食する側もされる側も、生きることに精いっぱいで、遊ぶ余裕などないからです。彼らの多くの脳では、「遊びたい」という意識は自分自身でも存在に気がつかないほどの隅に追いやられています。

　動物がよく遊ぶようになるのは、一般には、野生の状態から引き離され、人間と暮らし始めたときです。イヌやネコ、インコやブンチョウなどの鳥も、安全で安心な空間で過ごすようになることで、遊びたいと思う心を爆発的に増やし、遊びを生み出したり、楽しんだりするようになってきます。

ほとんどの野生動物にとって、「遊び」は大きなハードル——実質的な「壁」の先にあります。しかし、人間以外に唯一、その例外となる生き物が、ごく身近にいます。そう。カラスです。

　人間の子供がすべり台で遊んでいる様子を見ていたカラスが、その遊びに興味をもち、子供がいなくなったすきにすべり台の上に上がって、スロープを滑り降りてみた映像などが公開されています。その姿を、報道で知った方も多いかもしれません。

　カラスがその「遊び」を「おもしろい」、「楽しい」と感じたのは確かなようで、何度も繰り返して滑っていたことが報告されています。

　もちろん、こうした行動は、特定の場所の1羽のカラスに限られたものではなく、ほかの場所でも観察されています。「滑ることはおもしろいこと」という意識が彼らの脳に深く刻まれているのか、雪の斜面などを滑る様子は、世界の各地で報告されています。

　わざわざなめらかなプラスチック片のようなものをもってきて、まるでソリにでも乗るかのように、それに乗って屋根の上で繰り返し滑っている映像なども公開されています。雪の坂を滑り降りると勢いがつきすぎて転んでしまうこともありますが、それさえもカラスは楽しんでいるようです。

　また、カラスが電線にぶら下がって遊ぶことも、よく知られています。電線上にふつうに止まった状態から、くるんと回転して頭を下にしてぶら下がったり、わざとつかまっている電線を揺らしてみたり、片足でぶら下がってみたり。

　ときに、ぱっと両足を離し、わざと落下して、途中から羽ばたいてもとの電線上に戻ったりもします。その姿は、あえてスリルを楽しんでいるようで、とても人間的に見えます。

　そんな遊びをしているカラスの心理は、もしかしたらバンジージャンプに挑戦する人間の心理に近いものなのかもしれません。

第1章　人間に比肩する能力

カラスの遊び

(1) すべり台を滑る

(2) 電線にぶら下がる

(3) ゴルフボールを複数で追う

遊びに対して、カラスの心は柔軟で、人間を見ておもしろいと感じると、同じことをやってみたくなるほか、ふと思いついた遊びをいろいろ試してみることも多いようです

単独で遊ぶ？　集団で遊ぶ？

　カラスはゴルフボールなど、くちばしでくわえて持ち上げることが可能なサイズの軽いボールを使った「ボール遊び」もします。

　自分で突いて、それを追ってみたりするほか、人間がするところのサッカーやラグビーのように、1つのボールを集団で追いかけて奪い合ったりすることもあります。翼がある生き物だけに、その追いかけっこは、けっこうダイナミック。それぞれが真剣に、その遊びを楽しんでいるようにも見えます。

　人間がつくったものであれ、自然にボール状になったものであれ、カラスの生活にとって、本来、ボールは接点のなかった存在のはず。それでも、「これは楽しい！」と感じたカラスは、それを使って遊んでいます。

　なくしたものと探すのを諦め、そのまま放棄されたボールがある一方で、ボールには、その瞬間の「持ち主」がいる場合もあります。カラスにとってちょうどいいサイズや重さであることから、ゴルフボールもよく遊びに利用されますが、ときにプレイ中のものが盗まれる「事件」もあり、プレイヤーを立腹させることがあります。

　遊ぶための道具を確保するという行為もまた、彼らにとってはある意味、自然な行動であることに強い興味をおぼえます。

子供のいたずら的な遊びも楽しんでいます

　他人にとっては迷惑な行為で、それをされたら確実に怒るようなことも、ときに人間はします。軽いいたずらやからかいで、相手の反応を見て笑ったりもしますが、当然、限度を越えると相手の怒りを買います。こうした行動は子供に多く見られるものの、とがめられることのない軽い「遊び」という感覚から、大人にもそうした行動が見られることがあります。そして、カラスの心にも、

第1章 人間に比肩する能力

遊ぶハシボソガラス

拾ったビニール袋をおもちゃにして遊ぶハシボソカラス
写真提供：NPO法人札幌カラス研究会、中村眞樹子氏

遊ぶハシブトガラス

食べるのではなく、遊ぶ。リラックスした表情が見えます
写真提供：NPO法人札幌カラス研究会、中村眞樹子氏

DATA 留鳥。アジア東部を中心に分布。Jungle Crowという英名が示すように、もともとは熱帯から亜熱帯のジャングルに暮らすカラスでしたが、現在は人間の生活に密着して暮らします。アーアーやカーカーなど、澄んだ声で鳴きます。太いくちばしとひたいの部分の盛り上がりが特徴。両足を揃えてホッピングして歩く姿をよく見ます。ハシボソガラスよりも、やや大柄。

これに近い感覚があるように見えます。

　翼のない哺乳類ではここまで来られないとわかったうえで、樹上から飼いイヌや飼いネコをからかったり。巣材として利用する気がないにもかかわらず、長毛犬の毛をむしってみたりすることもカラスにはあります。

　東北地方のある土地では、そこに暮らすシカの耳の穴に、フンを詰め込む様子が観察され、報告されました。シカにとっては迷惑きわまりないことですが、カラスはそうした行為自体も、結果としてのシカの反応も、おもしろいと感じて、そうした迷惑行為をやっていたようです。

カラスが遊べる理由

　カラスはよく観察し、さまざまな学習をする生き物です。もちろん、ほかの動物、鳥と比べて、高い記憶力も有しています。

　その背景には、彼らがもつ発達した大きな大脳があります。そして、発達した脳から生まれる強い好奇心が、彼らを動かすさまざまな「衝動」を生んでいます。

　カラスは、見て、考えて、模倣することができます。ひとまずやってみて、そこからさらに試行錯誤を重ねて、最適な方法を見つけ出すこともできます。公園のすべり台を滑る行為は、興味をもったものの模倣から始まりました。

　行動、行為を模倣する相手は、仲間のカラスに限らないことがここからわかります。カラスにとって人間は、ゴミのかたちで食料を提供してくれる相手であり、その行動に興味を抱かせてくれる存在でもあります。人間の近くで暮らせば、それなりの食料が手に入りますが、人間は暇つぶしや、ときに好奇心を強く揺さぶる刺激をくれる相手でもあるということです。

2 カラスは道具を考える

▶▶▶ カレドニアガラス、ミヤマガラス

　鳥の脳は、人間が思うよりもずっと発達しています。
　またそこには、目的を達成するための「計画」と「手順」が自然に思い浮かんでくるような、高度な機能も組み込まれています。
　たとえば、カラスの巣。
　巣をつくる前のカラスの脳の中にはすでに、完成した巣のイメージと、組み立てるための手順が存在しています。
　人間なら設計図をつくったのち、細かい部品を手配し、できた部品を組み合わせて完成形にしますが、カラスは目に留まったものの中で使えそうと判断したものを組み合わせて使います。最初にいいと思ったものよりもよさそうなものがあれば、それに切り換えるという判断もよくします。そのため、脳内にある組み立て手順には、フレキシブルに変更できる部分が多く存在しています。
　育雛が終わるまで絶対に壊れたりしないように、子育てする巣の土台はできるだけ強固にしたいもの。細めの金属なら強度は十分あるうえに、必要に応じて曲げて調整することもできます。民家の軒先に無防備にぶら下がっている金属性のハンガーは絶好の材料で、軽く、空気抵抗もさほどないので持ち運ぶにも最適です。
　巣の内側に敷く、やわらかな巣材になるものも、人間のまわりにはあれこれ存在しています。たとえば長毛犬の毛は保温にも長けた恰好の材料となるため、そんなイヌを見つけたときは、背後から飛び寄ってむしり取ったりすることもあります。
　計画的かつ柔軟な行動で、カラスは十分な強度をもった安全な巣をあっというまにつくりあげてしまいます。たとえ人間に壊

されても、すぐに新たにつくり直してしまいます。カラスよりもずっと複雑で巧妙な巣をつくる鳥種も多くいますが、そうした鳥たちもまた、脳内に設計図と柔軟な手順書をもっています。

道具を自作し、利用するカレドニアガラス

　ニューカレドニアに棲むカレドニアガラスは、木の枝をそのまま利用したり、あるいは「道具」として使えるように加工したりすることが知られています。直接利用の例としては、穴の奥にいる虫をわざと怒らせて引きずり出すということをします。

　カレドニアガラスは目と耳を使い、朽木に開いた穴の奥にカミキリムシの幼虫が潜んでいることを知ります。しかし、カラスのくちばしでは、虫がいるところまで届きません。キツツキのように突いて穴を拡げることも不可能です。

　でも、大丈夫。小枝が1本あれば、"釣り"上げて虫を引きずり出すことができるからです。

　拾った、少し長めの棒をくちばしでもち、幼虫のいる穴に差し込んで、棒の先で幼虫の頭を執拗に突きます。もちろん棒が幼虫の頭にぶつかった感触は、くちばしを通して伝わってきます。

　何度も突くうちに幼虫は怒り、攻撃をやめさせようと棒の先端に噛みつきます。その感触があった瞬間、すかさず棒を引き抜くと、噛みついた幼虫もいっしょに外の世界へと出てくるので、それをぱくんと美味しくいただく、という寸法です。

　こうした手段が使えないケースでは、p.22のように、二股の木の枝を折り取って、先端がフック状（鉤状）になった細い棒をつくり、それを木の穴に差し込んで、中にいる幼虫を引っかけて取り出すということもします。

　道具を使う鳥、カレドニアガラスのことが初めて世界に報告さ

突ついて"虫を怒らせる"という小技を使うカレドニアガラス

加工しない道具を使う例。カミキリムシの幼虫の頭をつついて怒らせ、噛みついてきたところを引っぱりだして食べます

れたのは、およそ20年前のことです。手も指ももたない鳥類のカラスが人間のように思考・思索して道具をつくり、それを使って食べ物を得ているという報告は、とてもセンセーショナルなものでした。それは、文明をもつ以前、旧石器時代の人類の行動にきわめて近いものだったからです。

カレドニアガラスが使う道具には、地域ごとのちがいがありました。地域ごとに異なる道具がつくられ、使用されていて、それが「文化」として地域に定着していたのです。

たとえば、あるエリアのカレドニアガラスは、葉の縁にトゲのあるパンダナスの葉を縦に細長く引き裂いて取って、道具にします。つくった細い葉をヤシの葉のあいだに差し入れて、私たちが狭い隙間に定規などを差し込んで落ちたものを引っぱりだすように、トゲを引っかけるようにして虫を引っぱりだして食べます。

道具をつくり、使うカレドニアガラス

上は、二股に分かれた木の枝を折り取り、先端が鉤になった道具をつくって、それを使って幼虫を捕る様子。下は、パンダナスという植物の葉を細長く切り取ってつくった道具。この道具をヤシの葉のあいだに差し込み、隙間に潜む昆虫を引っぱりだして食べます

若いカラスは、成長する過程で先輩カラスがすることを見て、道具のつくり方やエサの取り方を学習します。遠い昔から、そんな模倣による学習が連綿と受け継がれてきたのでしょう。

実験室で見せたカレドニアガラスの技

　野生のカレドニアガラスは、先輩カラスがすることを見て育ちますが、未知の材料から、自身で考えて道具をつくることができるかどうかを確かめる実験も行われました。実験の対象となったのは、オックスフォード大学で飼育されていた、ベティという名のメスのカレドニアガラスです。

　実験室ではまず、小さなバケツにエサが入れられ、縦に置かれた透明な細長い円筒の基底部に置かれました。

　ベティはそこにエサがあることを認識し、食べたいと思います。しかし、筒は長く、カレドニアガラスの頭部よりも細いために、くちばしを差し込んでもエサまでは届きません。そんな状況のベティに与えられたのは、扱いやすいように一定の長さに切られた、カラスのくちばしでも簡単に折り曲げられる太さの針金でした。ベティが針金を見るのは、もちろんこれが生まれて初めてです。

　最初、ベティはもらった針金をそのままくわえて円筒の中に差し込みました。しかし、当然ながらそれでは中のバケツを取り出すことはできません。

　試行錯誤の末、ベティは針金が簡単に曲げられること、また、鉤状に曲げれば、バケツの把手にそれを引っかけられることを理解しました。カレドニアの仲間が二股の枝を折ってつくる道具に似たものがあればいいと気づいたわけです。こうして曲げられた針金を使って、無事、中のエサを確保することができました。

　この実験は10回行われ、その都度、ベティは針金を曲げること

ができました。カレドニアガラスには、初めて見た材料を自分の目的に合わせて加工できる能力があることがわかった瞬間でした。

その後、こうしたことが可能なのはベティだけなのかどうか、より厳しい条件で確認する実験が追加されます。ニューカレドニアの経験が道具製作のヒントになっている可能性もあったことから、故郷を知らない鳥を使って同様の実験が計画されたのです。

まず、研究室で孵化した4羽のカレドニアガラスが連れてこられました。そのうち2羽には道具製作を見せ、残りの2羽にはまったくなにも見せない状況でベティと同じトライアルを課しました。

最終的に、4羽すべてがベティと同じように課題をクリアしてみせました。この結果からあらためて、カレドニアガラスという種の脳には、潜在的に、未知の材料から状況に応じた道具をつくりだすことのできる能力があることが確認されたのです。

ミヤマガラスの思考

別種のカラスであるミヤマガラスに対しても、道具を使った問題解決能力があるかどうかを確かめる実験が行われました。

透明な円筒の途中まで水を入れ、その水面にエサの入ったミニカップを浮かべます。カップは衝撃があっても沈まない軽い素材でできています。また、円筒の径は細く、カップのある場所にミヤマガラスのくちばしは届きません。

円筒の近くに、円筒の径より十分小さな石を置いておいたところ、ミヤマガラスはくちばしで石を円筒の中に放り込んで沈めることを繰り返しました。そうすることで水位が上がり、やがてカップがくちばしの届く位置までくると予測して、石を投げ込んだのです。それは論理的な思考にもとづく行動でした。ミヤマガラスも、論理思考と道具使用のできる高度な脳をもっていました。

カレドニアガラス、ベティの実験

オックスフォード大学の実験。初めて見た針金を道具にして、ベティは見事にエサを確保しました

ミヤマガラスのチャレンジ

石を投げ込んで水位を上げ、見事にエサを確保したミヤマガラス。同じ課題を、チンパンジーは水場で口に含んだ水を中に吐き出すなどしてクリアしています

3　オウムも道具をつくる

▶▶▶ シロビタイムジオウム

　野生のカレドニアガラスが道具を自作し、利用していることが判明してから、カラスに匹敵する頭脳をもつ大型のインコやオウムにも道具をつくる能力があるのではないかと、あらためて期待が高まりました。しかし、現在の時点でも、野生のインコが「道具をつくった」という報告は、私たちの耳には届いていません。

　野生での道具の利用例として、ヤシオウムが近くに棲む同種に自分の存在を伝えるために、適当な木の切れ端を樹に打ちつけてあたりに音を響かせる「ドラミング」をすることは、古くから知られていました。樹を叩く木の切れ端は、いうなればドラムのスティックのようなもの。これも1つの道具使用の例といえますが、それ以外にはほとんど聞かれず、「もしかしたら、オウムやインコは道具をつくる能力をもたないのか？」と、だれもが諦めかけていた2012年、それを否定する報告が届きました。

　研究機関で飼育されていたシロビタイムジオウムが、身近なものから道具をつくり、使用したというのです。

　道具の製作が伝えられる以前から、シロビタイムジオウムには、状況や状態を見て、必要な手段を考える能力があることが、実験によって確認されていました。そのため、研究機関で飼育されている個体も多かったわけです。たとえば、オックスフォード大学、ウィーン大学、マックス・プランク研究所による、シロビタイムジオウムの課題解決能力を報告する共同研究の成果などがインターネット上にも公開され、閲覧可能になっています。

　ある実験で、シロビタイムジオウムは、「ピンを抜き、ネジを回

第1章 人間に比肩する能力

シロビタイムジオウム

インドネシア・タニンバル諸島に棲む、体長30センチメートルほどのオウムの仲間。日本でも、飼い鳥として飼育されています　　　　　　　　　　　　　　　　写真提供：きたこ氏

し、ボルトを抜き取った末に輪を回転させて横向きにする」という一連の行動をすることで、実験装置の中に置かれたエサを取り出して食べるという課題をクリアしてみせました。

自分1羽でそれを考えて実行することももちろん可能ですが、だれかがするのを見て、それを「模倣」する方がずっと簡単です。その相手が仲間の鳥でも人間でも、このオウムは簡単に学習して、より短時間で課題をクリアできるようになります。

道具を自作し、使ってみせたシロビタイムジオウム

そうしたオウムの中に、「フィガロ」と名づけられた鳥がいました。ある日フィガロは、金網の向こうにあるエサに気づき、それを食べたいと考えました。もちろん、オウムが言葉にしてそう語ったわけではありませんが、行動がその心理を示していました。

フィガロの頭の中では、利用可能な道具と手順が模索されます。棒の1つもあれば引き寄せることは可能でしたが、近くにはなにも見つかりません。そこで目をつけたのが、金網の土台の木材です。インコのくちばしなら、力加減を上手く調整すれば、木材の角の部分をかじり取って、細長い棒に切り出すことも可能です。

　フィガロは、頭に思い浮かんだことを実行しました。

　見事に土台の木をかじって棒をつくりあげたフィガロは、それを金網の隙間に挿して、金網の向こう側、少し離れた場所にあったエサのたぐり寄せに挑戦します。最終的に、その食べ物は、フィガロの口に入りました。

　それを見た研究者は、フィガロを屋内の研究室に連れて行きます。初めてフィガロが道具をつくり、使ったときと同じようなセットが研究室につくられ、フィガロ本人には、割りやすい素材の板切れが渡されました。一度やったことなので、フィガロは当然のように、その板の端を上手に割って、棒をつくりあげます。その様子は何度も確認されました。フィガロは、それを金網のあいだから差し込んだり、金網の下から差し入れるなどして、エサを引っぱりだして食べることができました。

　次に、その様子を同じシロビタイムジオウム、何羽かに見せます。模倣できるかどうかの確認実験です。見せたオウムのうち、キーウィと名づけられた1羽が、フィガロがやってみせたことを見事に学習して、同じように板から棒をつくりだし、それを金網の下から差し入れるかたちで食べ物を得ることに成功しました。

　シロビタイムジオウムの実力からいって、できる個体はいるだろうと予想されたことでしたが、キーウィの成功により、彼らにはしっかりと模倣学習をしたうえで、道具製作を含む課題をクリアできる能力があることが確認されたのです。

自作した棒を使って食べ物をたぐり寄せるシロビタイムジオウム

与えられた板を割り、棒状に切り出します。それを網のあいだから差し込み、食べ物をたぐり寄せるようにして取ることに成功しました

ミヤマオウム（ケア）にも注目！

　ニュージーランド南島、高山地帯の森林や草原に棲むフクロウオウム科のミヤマオウム（ケア）は、非常に好奇心が強く、人間の持ち物やその行動に興味をおぼえて、人間がいるところに集まってきたりもします。また、野生のものでも、だれにも教えられることがなくても、ボルトナットを回して開けたり、閉ざされているゴミ箱の蓋を開けて中身を食べたりするなど、考えた行動を取

ミヤマオウム（ケア）

ニュージーランドの高地に生息。好奇心が強く、いたずら好きなことで知られています。同じくニュージーランドに棲むフクロウオウム（カカポ）と合わせた2種のみが、現在地上に生存するフクロウオウム科の鳥です

ることが知られています。

　遊び好きで、集団で遊んだり、かまってほしいと人間のもとにやってきたりすることもあります。「破壊」もまた彼らの遊びのようで、ときに人間からすれば迷惑な行為もしてくれます。

　その行動パターンは、日本のハシボソガラスにも似ていますが、警戒心はもっと薄く、対応も、よりフレンドリーに感じられます。

　なお、実験室で飼育されているミヤマオウムに対し、未知の材料を道具にでき、段階的な思考もできるカレドニアガラスと同じ課題を与えてみたところ、同じ複数の課題をなんなくクリアしてみせました。かねてより賢さが指摘されていたミヤマオウムでしたが、彼らもまた、カレドニアガラスに等しい、きわめて高い知的な能力をもつことがあらためて確かめられました。

COLUMN 01

鳥の脳は重い！

　下図からも、鳥たちが哺乳類に匹敵する重い脳をもっていることがわかります。脳の重さは、知能の高さとも密接に結びついています。高度に発達した脳という点で、人間を含む霊長類が哺乳類の頂点に位置しますが、同様のポジションを、鳥類の中ではカラス類とインコ・オウム類が占めます。カラスやインコ・オウム類は、下図では鳥類の最上部、霊長類と重なる部分にきます。

脳重と体重の関係

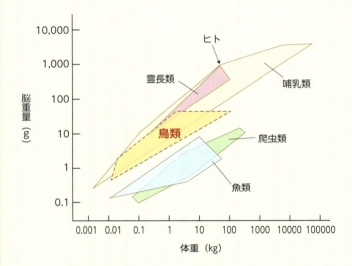

図から、上下2つのグループに分かれていることがわかります。名前が出ていない両生類は下のグループに入ります。肉食恐竜は、現在の鳥類と爬虫類の中間くらいに位置していたようです。図は、Jerison H J, *Evolution of the Brain and Intelligence*, Academic Press, New York, 1973.より改変

4 カケスの脳には「地図アプリ」がある

▶▶▶カケス、アメリカカケス

カケスは、カラス科の鳥です。カケスもまた、カラスの仲間にふさわしい発達した頭脳をもっています。

カケスもカラスと同様、食べ物を隠す「貯食」をします。ただし、その貯食は、今すぐ食べないものを草や石の下などに"ちょっと"隠しておいてあとから食べようと考えるカラスの貯食とはちがい、より長期間で、計画性の高いものになっています。

カケスは実りの季節であるその年の秋、エサが少なくなる冬場に備えて、自分が暮らす生活圏の中に、栄養価の高いドングリをどんどん隠し、溜め込んでいきます。それは、冬になっても飢えないための、未来を見越した戦略行動です。

秋にカケスが隠すドングリの量は、その年の冬に食べる食料プラスアルファ。もしかしたらその冬は、いつもよりも春が遠いかもしれません。隠したものをほかの動物に発見されてしまうかもしれません。そうした事態も想定して、少し多めに隠します。

もしも春が早く来て、食べ物に困らなくなったら、そのドングリは放置され、忘れられますが、運よく隠した場所で芽吹けば、遠い将来に食べ物を得られる大きな樹に成長してくれるかもしれません。それはカケスにとってプラスのこと。大歓迎です。

忘れる心配はしない

カケスは、最大4千か所にものぼる隠し場所を、正確に記憶します。どこに隠したか、忘れることはめったにありません。それはまさに、どこにドングリをしまったか、きっちりマークされた「地

第1章 人間に比肩する能力

カケス

カラス科としては小型ですが、やはりその脳は大きく発達しています

DATA 日本を含むユーラシアの温帯域に広く分布。平地の森ではなく、おもに山地で暮らしています。北アメリカには近縁のアメリカカケスが棲みます。

図アプリ」を脳の中にもっているようなものです。

　隠し場所の記憶はいつでも引き出せますし、どこのものを食べて、どこに食べ物が残っているのかも、すべて明確に脳内地図にプロットされています。そうした完璧な記憶力を人間はもちません。この点では、カケスの方が人間よりも上ということです。

　ただし、その記憶のしかたや情報の引き出し方は、人間とも大きく共通するものがあります。あるエリアのどこになにがあるかという記憶は、一般に「空間記憶」と呼ばれるものですが、人間もカケスなどの鳥でも、その記憶の定着や引き出しには、脳の中の「海馬」という組織が関わっています。また、人間もカケスなどの鳥でも、場所をよく記憶する個体は、海馬が大きく肥大し、活性化していることが判明しています。

5 ヨウムは人間の概念を理解する

▶▶▶ヨウム

　オウムやインコの仲間には、人間の言葉をおぼえて話すことができるようになる種が多数います。人間は声帯を使って言葉をつくりますが、インコやオウムなどの鳥は、肺のすぐ手前、気管支が二股に分かれた部分にある「鳴管(めいかん)」という組織と、気管支全体、それに舌の動きや形を組み合わせることで、「人間が話す音声に近い音」をつくり、人間の言葉を口にすることができます。

　なかでも、大型のインコであるヨウムは、気性も穏やかで、好奇心も強く、安心できる相手と認識した人間を深く信頼するようにもなります。この鳥、ヨウムに、多くの「もの」の名称を人間の言葉、発音のままに記憶させ、さらに数字や色などの概念も理解させることで、人間の言葉による直接コミュニケーションが可能であることが証明されています。

　私たちにその事実を教えてくれたのは、アメリカのペッパーバーグ博士のもとで30年という長い期間に渡って訓練されたアレックスというヨウムです。彼はヨウムという種が潜在的にもつ実力を遺憾なく発揮し、思考力やコミュニケーション能力が人間の幼児に近いレベルに達していることを明らかにしてくれました。数年前に急死してしまったことが、本当に残念でなりません。

人間と動物が「人間の言葉」で会話するための条件

　動物が人間と会話できるようになるには、いくつかの条件を満たしている必要があります。まず挙げられるのが、

　「人間の声に近い音を発声できる身体的な能力をもつ」

第1章 人間に比肩する能力

ヨウム
アフリカ赤道部に暮らす知的で感情豊かな鳥です。ワシントン条約にもとづき、現在は許可のない飼育も売買もできない状況になりました
写真提供：内田美奈子氏

「耳で聞いた音声を記憶し、自身を訓練して、同じように発声できるようになる能力をもつ」、というもの。

後者は一般に「音声学習」と呼ばれるもので、種によってレベルに差はありますが、鳥類の約半分にあたるスズメ目のさえずり鳥やインコ目の鳥には基本的に備わっている力です。

つまり、カモ・キジ類や海鳥などを除いた身近な鳥の多くが、この条件をクリアします。実際、人間の言葉を話すことができたカラスやスズメ、ヒヨドリはいますし、インコと並ぶ会話鳥の代表でもあるキュウカンチョウは、ムクドリの仲間です。

発声学習のできる身体的能力に加えて、「単純に記憶するだけでなく、概念まで理解して、言葉を学習できる能力」をもち、「飽きずに長い時間、学習できる忍耐力」をもつ、高度に脳が発達した鳥には、人間との直接会話ができる可能性があります。

もちろん、しっかりと自分でものを考える頭脳をもつことも絶対条件。アレックスたちヨウムは、すべての条件を満たす最適種でした。

アレックスにできたこと

　長く行われて実績のある、心理学的な訓練方法にもとづいて、アレックスにはさまざまなことが教え込まれていきました。
　先生と生徒役の2人がアレックスの前に座り、「これはなに？」「これは〇〇です」という会話を繰り返し見せて、そのやり方に慣れさせ、やっていることが理解できたところで、アレックスを生徒役に、同じような方法でたずねて答えさせるというやり方も採用されました。これは「モデル・ライバル法」という方法で、幼児教育にも採用されている教育訓練です。
　最終的にアレックスは、赤や青や緑や紫、黒や灰色などの色や、三角形、四角形といった平面的な形、球や直方体（キューブ）などの立体的な形、紙や木や革や石といった素材など、身のまわりにあるものの名称（ラベル）を50以上も正確に理解し、自分の口でその名称を発することができるようになりました。
　1〜6の数字もおぼえ、目の前にあるものの数を数えたり、耳に聞こえた音をカウントしてその数を言ったりすることもできるようになりました。音に関しては、前に鳴らした音の数をおぼえていて、少し時間が空いたあとに聞こえた音を足して総数を言うこともできました。
　ものの名称や形状、色、数を同時に把握する訓練が進むと、指定されたものがそこにいくつあるか、並べられたものに共通するものはなにか、といったことをたずねられても、それを人間の言葉で正しく答えることができるようになりました。

たとえば、色のついた四角いキューブがテーブルの上に十数個並べられます。それを見下ろす位置にアレックスに来てもらい、「緑」のものがいくつあるかたずねると、アレックスは「3」とか「4」など、正しい数字を言うことができます。

　青い洗濯ばさみ、青い鍵、青いはさみなど、特定の色のものが並べられて、「共通するものはなに？」と聞かれると、アレックスはしっかり「色」と答えます。そこでさらに、「それは何色？」とたずねると「青」と答えます。

　あるものがいくつあるかたずねられたとき、アレックスは、聞かれたものがそこに「ない」ことも理解できました。しかし、それを表現する言葉をもっていませんでした。

　さらに訓練を進めたあと、アレックスは「ない」ことを「none(ナン)」という言葉で表現できるようになりました。「none」は「ゼロ」であることを質問者に伝えるためにアレックスが創造した新語です。ここから、インコである彼が「ゼロ」の概念を理解し、それを表現できることもわかりました。

言葉がすべてではない

　アレックスはうるさい学生に「出ていけ！」と叫んだり、行きたい場所があるときに、それを伝えたりもしました。それは、人間の概念をおぼえ、それを活用できたがゆえの対話ですが、「言葉」がコミュニケーションのすべてではありません。

　イヌやネコが人間の意図を理解し、自分の意思を示せるように、鳥にも一羽一羽、心があり、意思があり、彼らなりの思考があります。嬉しさも感じれば、苛立ちもします。ストレスも感じます。鳥にも人間のような「心」がしっかり存在することもまた、アレックスがあらためて教えてくれたことの1つでした。

6　セキセイインコもあくびが移る

▶ ▶ ▶ セキセイインコ

　だれかがあくびをするのを見ているうちに、気がついたら自分もあくびをしていた……など、あくびが移ることがあります。あくびは見知らぬ人からはあまり移らず、家族や恋人、友人からは移りやすいと考えられています。

　人間だけでなく、チンパンジーなどの類人猿のあいだやイヌ、ラットのあいだでもあくびは移ります。また、家で飼われているイヌに飼い主のあくびが移ることもあるようです。

　あくびは、他者への「共感力」と、その相手とのあいだにある愛情や関心と深く結びついているというのが最新の有力学説です。飼い主のあくびがイヌに移るのも、イヌの関心がその人間に向いていて、なおかつ深く信頼するほどに心が寄り添っているからだと考えられています。またそれは、「共感」できるだけの発達した脳を、イヌがもっているという証拠でもあります。

　こうした共感は、哺乳類だけに備わったものと長く考えられてきました。ところが2015年、鳥類であるセキセイインコでも、つがい関係にあるなど、近しい相手のあくびが移るケースがあることが報告されました。「鳥もあくびをするの？」と驚いた方もいるかもしれませんが、もちろん鳥もあくびをします！

　群れの仲間と親密なコミュニケーションをもち、一夫一婦で死ぬまで同じ相手と添い遂げるほどに深い愛情で結ばれているセキセイインコの心は、常に愛情をもつ相手に向かっています。それゆえ、あくびも移ってしまうようです。では、人間のあくびはインコやオウムに移るのでしょうか？　研究報告が待たれます。

車に酔って、「生あくび」

　余談ですが、鳥も「車酔い」をします。自然の中、風で揺れている枝は平気でも、自動車や電車など、人工的な乗り物に弱い鳥はいます。人間の中に車酔いをしやすい人とそうでない人がいるように、鳥の中にも、どんなに揺れても平気な鳥と、電車や自動車に5分乗っただけで、酔って吐く鳥がいます。

　それは三半規管の強さ、あるいは体質としかいいようがないもので、親も兄弟もまったく平気でも、きわめて酔いやすい鳥は存在していて、訓練しても治りません。

　酔い始めの状態も、人間と鳥はよく似ています。胃の中身が上下するような気持ちの悪さをこらえようとするときに、つい「生あくび」が口から出てきます。

　なお、車に酔ってもいないのに生あくびを繰り返す鳥は、体調が悪化していると考えられます。

セキセイインコ

日本でもっともよく飼育されている鳥。愛情が細やかです。オスには、人間の言葉をよくおぼえる個体が多くいます。原種はオーストラリアに生息　　　　写真提供：神吉晃子氏

7 ブンチョウがもつ音楽の聞き分け能力と好み

▶ ▶ ▶ ▶ ブンチョウ

ブンチョウは、スズメ目の「鳴禽類」の仲間に数えられています。鳴禽はその名のとおり、歌をさえずる鳥です。

鳴禽のさえずり学習は、もととなる歌を正確に記憶するところから始まります。多くの鳴禽類の脳には、聞いた歌を、構成や旋律の変化、キーを含めて、正確に記憶する能力があります。

カラオケなどで人間は、オリジナルの歌からキーを変えてうたうこともよくあり、キーが変化しても当然、それを同じ曲として認識することができます。一方、ブンチョウなど鳴禽類では、少しでもキーを変えてしまうと、過去に聞いて知っているはずの曲も、ちがう曲に聞こえてしまうようです。

人間の概念とは無関係に生きている鳥に、これはCの音とか、この音は何ヘルツという認識はもちろんありませんが、鳥は鳥として、ある種の「絶対音感の世界」に生きているということです。

だれかのさえずりを、そのキーや微妙な音程変化も含めて正確に記憶できるということは、似た声でさえずる同種の鳥であっても、個々のさえずりのちがいを明確に認識して、一羽一羽の歌をはっきりと聞き分けられることを意味します。

ブンチョウは現代音楽よりもクラシック音楽が好き

こうした高い聞き分け能力は、人間の音楽に対しても発揮され、特定の「クラシック音楽」と「現代音楽」をじっくり聴かせておぼえさせたブンチョウは、それぞれの作曲家の特徴をパターンとして記憶し、聞き分けることが可能になりました。

第1章 人間に比肩する能力

　また、クラシック音楽と現代音楽がもつ特徴やちがいも、脳の中で「カテゴリー化」して把握することができました。

　そのため、クラシック音楽と現代音楽の作曲家を変えても、それぞれがクラシック音楽であること、現代音楽であることをしっかり判別することが可能でした。

　ブンチョウがクラシック音楽と現代音楽のちがいを把握する鍵の1つに「不協和音」の存在があると専門家は考えています。現代音楽では確かに、不協和音を表現手段として使うことがあり、その点でクラシック音楽とはちがっています。

　なお別の実験から、ブンチョウはクラシック音楽に比べて現代音楽をあまり好ましく感じておらず、現代音楽を聞くくらいなら無音の方がマシと思う、という結果も得られています。そうであるならブンチョウは、クラシック音楽と現代音楽のちがいを「好き・嫌い」という観点から判断していた可能性も捨てきれません。

ブンチョウ
写真はシルバーブンチョウ
写真提供：佐藤麻子氏

8 ニワシドリは東屋(あずまや)をつくり、庭をつくって婚活

▶▶▶ スズメ目ニワシドリ科

　この世界に自分の子孫を残し続けるためには、できるだけ優秀なオスと交尾し、その遺伝子を受け継いだ子供をつくる必要があると鳥のメスは考えます。しかし、なにをもって「優秀な遺伝子をもつ」と判断するのか、その選択のしかた、基準はとても幅広く、一概には示せないのも鳥という生物の特徴です。

　丈夫で健康な子供が生まれるように、骨格がしっかりした、体の大きな相手を選ぶのも1つの選択の方法ですが、体格はさておき、特殊な技能や才能に魅力を感じる種も少なくありません。

　さえずる鳥が、美麗な声や複雑な歌がうたえる相手を選んだり、歌のレパートリーが多い相手を選んだりするのも、技能をもとに相手を選ぶやり方の1つ。次項で触れるオナガセアオマイコドリのように、長年の訓練を経て身につけたダンスを披露して、メスにプロポーズする鳥もいます。より実用的なケースでは、強固で芸術的な巣をつくるオスに魅了される種もあります。

　ニューギニアからオーストラリアに生息するニワシドリ科のオスたちは、見映えのする構造物をつくることで自身の魅力をアピールします。これまでに発見されているニワシドリ科の鳥は約20種。そのうちの17種がメスの気を引くための構造物をつくります。

　代表的なニワシドリ科の鳥として、アオアズマヤドリ、チャイロニワシドリ、カンムリニワシドリなどの名を挙げることができますが、これらの鳥をそれぞれ漢字で表記すると、青東屋鳥、茶色庭師鳥、冠庭師鳥。彼らの名前は、メスへのアピールとして、オスが「東屋」や「庭」をつくることに由来しています。

第1章 人間に比肩する能力

アオアズマヤドリ

アオアズマヤドリはトンネル状のプロムナード（アヴェニュー）をつくり、その周囲に青いものを敷きつめます。ニワシドリ科のメスの心には、納得のいく構造物をつくることができるオス→優れた脳をもつ→そうした鳥は優れた遺伝子をもつ→このオスの遺伝子がほしい、という思考の流れがあります

写真提供：iStock.com/Mastamak

オオニワシドリ

オオニワシドリは、アオアズマヤドリよりも多くの小枝を使って、よりしっかりとしたトンネル状の構造物をつくります。周囲の飾りの基本色は「白」。骨や貝殻など白い物体を集め、まわりに敷きつめます。白いものが少ないときは、明るい灰色のものを加えることもあります

写真提供：iStock.com/MikeLane45

オスは、構造物づくりに時間を費やす

　種によって、つくるものや見せ方にちがいはありますが、同種のメスがもつ美的価値観に合致しない構造物をつくっても、相手は見向きもしません。

　メスを納得させるだけの美的な庭（コート）や、中を通り抜けできる立体的な構造物をつくって初めて、カップルが成立して子孫を残すことができるので、受け入れてもらえるものをつくるために、オスは必死で材料を集め、せっせと美しい庭や東屋（バワー）、その中の通り道（アヴェニュー）をつくります。

　高い技術で構造物をつくりあげることができたオスは、そうしたものがつくれるだけの「高度な脳」と、努力する才をもっていて、それは生まれてくる子供に、生き延びるための強い力を与えてくれると、ニワシドリ科のメスは考えているようです。

　ちなみにニワシドリ科のオスの多くは、構造物をつくる以外のことは、ほとんどなにもしません。構造物はメスの気を引くためのもので、オスがつくる構造物が気に入ったメスは、オスの才能を認め、その場で交尾をします。その後、メスはその場から飛び去り、自身で巣をつくって抱卵し、子育てをします。その間、オスはなにをしているかといえば、構造物のメンテナンスをしつつ、新たなメスの飛来を待ちます。それが一般的なオスの生活です。

　東屋や庭は完成するまで最長10か月もかかります。それでも、その年の繁殖シーズンに複数のメスと交尾ができれば、オスにとっては大成功なわけです。その年の繁殖シーズンが終わると、オスは来年に向けて、新たな構造物をつくり始めます。

　メスの気を引くための構造物をつくるのが、彼らの仕事。ニワシドリと人間の芸術家の人生には、共通点があるように感じています。

アオアズマヤドリがつくる構造物

　オーストラリアの固有種であるアオアズマヤドリは、小枝を敷きつめた地面の上に、無数の小枝を挿して、手製の並木道をつくります。

　同時にその周囲に、鳥の羽毛、蝶の羽からプラスチックまで、見つけてきた「青」いものを敷きつめてメスを呼びます。メスは複数のオスの構造物を見て回り、いちばんよくできていると判断できた東屋をつくったオスを伴侶に選びます。

　並木道がゆがんでいたり、挿す枝が足りずにスカスカだったり、地面の青さが足りないものは必然的にNG。メスが「よい」と判断したアオアズマヤドリの構造物は、人間の目にも高度な美を備えた芸術に見えます。

アオアズマヤドリがつくった構造物

メスの気を引くためだけに、オスは何か月もかけて構造物をつくります。メスが気に入るとその場で交尾をしますが、オスは抱卵も育雛も手伝わず、メスは離れた場所で、1羽だけで子育てをします

写真提供：iStock.com/skeat

9　ダンス、ダンス、ダンス！

▶▶▶ クビナガカイツブリ、オナガセアオマイコドリ

　構造物をつくる技術を見きわめて相手を選ぶ鳥がいる一方、コントロールの利いた高度な身体能力を見きわめることで「高いレベルのオス」を見つけようとする種もいます。

　そうした鳥が相手に求めることの1つにダンスパフォーマンスがあります。たとえば、北アメリカに棲むクビナガカイツブリ（アメリカカイツブリ）は、繁殖期、オスとメスが並んで水面を"走る"という行動を見せます。飛ぶのではなく、走る！　しかも、地面ではなく、水面を。

　クビナガカイツブリは、水掻き面積の広い足を高速で動かし続けることで、沈むことなく水面を疾走することが可能です。ただし、体力はかなり消耗します。

　メスは、首の形、首の角度、体の角度、翼の形、歩幅など、

クビナガカイツブリのシンクロ疾走

メスは、自分にぴったり合わせることができたオスをつがいの相手に選ぶので、オスは必死でパフォーマンスをします

水面を走る自分のポーズにぴったり合わせ、同じ速度で並んで、きれいにシンクロできた相手を伴侶に選びます。

　シンクロ率の高いダンスをきっちり踊ることができる相手なら、レベルの高い脳と、力強く生きることができる体力の両方を兼ね備えていると確信できるからです。

　自身の遺伝子を残せるかどうかがこのパフォーマンスで決まるため、オスは体力の続く限り、必死に走り続けます。

　中南米に棲むマイコドリ（舞子鳥）の仲間も、ダンスに命をかけます。マイコドリの場合、メスは踊らず、眺めて審査をするだけ。ただし、その基準は厳しく、レベルの低いダンスは無視して飛び去ってしまいます。

　そのため、たとえばオナガセアオマイコドリのオスは、メスに求愛できるダンスのレベルになるまで師匠（年配のオス）について、師匠のダンスをサポートするように踊り続けます。数年〜10年修行してやっと一人前になり、メスに自身の求愛のダンスを披露できるようになります。ダンスに大きな価値をもたせる鳥種のオスは、人間の目から見ても、本当にたいへんそうです。

オナガセアオマイコドリのダンス

師匠と弟子、意中のメスに2羽でダンスを見せて求愛します。ただし、交尾できるのは師匠のみです

10 ササゴイは効率のよい漁でエサを確保

▶▶▶ササゴイ、アメリカササゴイ

　九州、熊本市にある水前寺公園やその周辺に暮らすササゴイは、生き餌、疑似餌を使った「撒き餌漁」をします。

　ハエやアメンボ、バッタ、アリ、イトトンボ、ヤゴなど、もともと魚が食べていた昆虫類やミミズなどの生き餌のほか、木の葉、小枝、きのこ、発泡スチロール片、鳥の羽毛など、本来なら食べ物にはならないものも"疑似餌"として水面に投げ込んだり、そっと浮かべたりして、魚が上がってくるのを待って捕えます。

　人間が魚にやろうともってきて落とした、パンクズやポップコーンなどを利用することもあります。

　魚が反応しなかったもののうち、水面に浮くものは拾い上げて何度も再利用します。それでもまったく反応がないと、諦めてそれを放棄したり、別の場所に移動するなどして漁を続けます。

　水前寺公園のササゴイの漁が初めて確認されたのは、1983年のことでした。それが現在まで継続しているということは、ササゴイの寿命から見ても、特定の鳥だけが漁にあたる行為をしていたということではなく、まわりにいたほかのササゴイや子孫を含め、多くの鳥によって、現在に至るまで延々と「漁」が行われ続けたことを意味します。

　漁をする最初のササゴイが発見される以前からこうした行為が行われていた可能性も高く、長く途切れることなく漁が続けられてきたことに驚きも感じます。

　疑似餌を含む「撒き餌漁」は、おそらく、この地域のササゴイの"文化"として、今後も継承されていくことでしょう。

第1章 人間に比肩する能力

模倣と学習によって支えられた技術

　もともとササゴイには、水中の魚からは直接見えにくい場所でじっと待って、近づいた魚を捕えて食べる習性がありました。

　水面に小昆虫が落ちてもがくと、それを食べようと高確率で魚が上がってきます。それを学んだ1羽のササゴイが、「虫を落とせばいい」ということに気づきます。また一方で、人間がパンクズや麩、ポップコーンなどを水面に投げると、エサの気配を感じた魚が水面近くまで上がってくることも知りました。

　こうした事実をヒントに、見つけた虫や落ちていたパンクズなどをくちばしでくわえて水面に投げ込んでみたところ、魚がやってきて上手く捕えることができた──。その成功体験が、「漁」を始めるきっかけになったと考えられています。

ササゴイ

羽毛の縁、羽弁に色がついていて、一枚一枚の羽毛が笹の葉のように見えたことからこの名前がつきました

DATA　ペリカン目サギ科ササゴイ属の鳥。熱帯地域から南半球におもに生息。日本には夏鳥として、東南アジア方面から渡ってきます。九州以南では冬鳥、あるいは留鳥として、冬も見ることができます。

生き餌や疑似餌を投げ込んだとしても、いつも漁が成功するとは限りませんが、それでもただ待つよりも高確率で獲物を得られるのは明らかなこと。また、そうする方が効率的でもあります。
　それを学習したササゴイは、その後も継続して「撒き餌漁」をすることになります。その過程で、なにを投げ込んだときに魚の食いつきがいいのかも学習して、漁の経験値を上げていきます。
　実際、漁を始めたばかりの幼鳥は、なにがよいエサなのかわからないため、見よう見まねでさまざまなものを投げ込んでいることが、地元の高校生の研究などから明らかになっています。
　経験を積んだ大人のササゴイは、疑似餌よりも生きたエサの方が漁の成功率が高いことを学習し、成長するにつれ、生き餌を中心とした撒き餌に徐々に切り換えていくようです。

文化として定着した理由

　じっくり見られる環境で、鳥は意外によく、あたりや仲間の挙動を観察しています。人間の存在にも慣れ、必要以上に人間を恐れなくなった鳥は、人間の挙動もよく見ています。
　この土地で撒き餌漁が始まった理由としては、
(1) 脳がひらめいて、漁を始めた最初の1羽がいたこと
(2) その鳥の行動と、漁が成功する様子を観察する個体が
　　まわりに十分な数いたこと
が挙げられます。
　発達した脳をもつ鳥は、素早く学習できる力をもっています。生活を有利にしてくれる「技」を模倣する能力もあります。種によっては、少なからぬ好奇心もあります。
　もともと鳥の好奇心は、生活圏を拡げたり、食べ物の幅を拡げたりすることに役立ってきました。ササゴイはサギの仲間です

水前寺成趣園周辺の地図

ササゴイの漁は、熊本駅の東方にある水前寺公園（水前寺成趣園）から上江津湖にかけて見ることができます

が、けっして愚かな鳥ではなく、こうした漁を思いついて実行できるだけの"脳力"を、もともと備えていたことは確かです。

　たとえば、アメリカ合衆国南部から南米北部にかけて分布する亜種のアメリカササゴイも、パンクズなどを使って漁をすることが知られています。

　なお、一般に「公園」というと、町の一角にある小さな公園を思い浮かべることも多いわけですが、ササゴイの名前とともに全国的に有名になった水前寺公園の正式名称は、「水前寺成趣園」。

　面積7万平方メートルを超える広大な大名庭園で、初代熊本藩主・細川忠利が手がけた庭を3代かけて整備したものです。

　湧水地を中心にゆっくり流れる水辺があり、その下流には広い上江津湖があり、さらにその流れは秋津川に注ぎます。合わせて数十万平方キロメートルを超える広大な土地に、十分な数のササゴイが飛来してきます。豊かな土地に多くのササゴイが暮らしていたことも、文化が継続した大きな要因と考えることができます。

COLUMN 02

待つことも重要な戦略?

　何時間も不動の姿勢を貫くハシビロコウは、日本でもすっかり人気の鳥になりました。ハシビロコウは石像のように動かなくなることで魚の警戒心を解き、捕えられる距離に近づいてきたときに獲物に向かって高速ダイブをします。体の大きなハシビロコウの生活を支えるには大量の食べ物が必要ですが、数時間待つことで数キログラムもある巨大な肺魚などが捕えられるなら、こうした漁もありなのだと妙に納得させてくれます。

ハシビロコウ

ハシビロコウは、巨大なくちばしをもった愛嬌のある鳥。不動の姿勢で何時間もじっと待って、獲物を捕えます
写真提供：神吉晃子氏

第2章

魅惑に満ちた鳥の体

1 高度1万メートルの薄い大気の中でも平気で飛行する

▶▶▶アネハヅル

　地球大気の現在の酸素比率は、約21パーセント。窒素が78パーセントほどあります。この46億年間に、地球の平均気温がダイナミックに変化して温暖化や寒冷化した時期があったように、大気を構成する気体の組成比も、少なくない変動を続けてきました。

　かつて、大気の酸素比率が大きく低下して、生物の生存に深刻な影響を与えた時代もありました。そのとき、私たち哺乳類の祖先は横隔膜(おうかくまく)をつくり、肺に大量の空気を取り込めるようにして、状況に対応しました。そうして苦境を生き延びたのです。

　一方、鳥類の祖先はまったく異なるアイデアで、高効率で酸素を取り込む方法を生み出しました。肺の一部を外へと拡げるかたちで、肺の前後に空気の袋(気囊(きのう))をつくり、そこを拡張／収縮させることで、息を吐いているときも含めて、常に肺に新鮮な空気が流れ続けるしくみをつくりあげたのです。

　こうした呼吸のしくみを「気囊システム」と呼びます。

　気囊システムは哺乳類の「横隔膜システム」よりも優れていて、脊椎動物のなかで、もっとも高効率な呼吸システムとなっています。

鳥が体内にもつ気囊の配置図(イメージ)

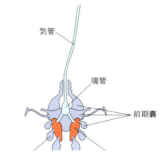

薄い膜でできている気囊は、大きな骨の内部を含む鳥の体全体に拡がっています

ヒマラヤを越えてゆくアネハヅル

　迷鳥として日本でもまれに観察されるアネハヅルは、ヒマラヤ山脈を越えるツルとして知られています。その際の飛行高度は9千〜1万メートルで、通過領域の気圧は地上の3割ほどしかありません。もちろん、人間なら酸素マスクなしには生きられません。そんな空気の薄い場所を、アネハヅルは軽々と渡っていきます。

　アネハヅルがヒマラヤを越えていけるのも、祖先が生み出した「気嚢システム」をもつがゆえです。アネハヅルに限らず、すべての鳥は体内に気嚢をもち、効率的な呼吸をしています。

アネハヅル

ツルとしては小型種。迷鳥としてまれに日本にも飛来するアネハヅルは、インドとユーラシア中部（モンゴルなど）のあいだを季節移動します。ヒマラヤ山脈ができる以前から、アネハヅルは現在に近いルートで「渡り」をしていて、ヒマラヤの造山運動の影響によって山脈が成長するにつれて、どんどん高い空を飛ぶようになったのではないかと考えられています。アフリカ中部にも生息地があります

脊椎動物で最大の効率をもつ「気嚢システム」

　気嚢システムが優れているのは、(1)「気嚢」という薄い膜の空気袋を体内にもつことで、肺容量の数倍から10倍を超える空気を体内に保持できること。(2) 鳥が息を吐き出しているあいだも、肺の中には常に新鮮な空気が流れ込んでいて、途切れずに酸素を取り入れることが可能であること。(3) 呼吸の回数を増やし、気嚢を強く収縮させることで、肺を通過する空気の容量（流量）を容易に増やすことができて、血液が取り込む酸素量を意図的にコントロールできること。(4) 肺の中を流れる空気と、酸素を受け取る血液の流れが正面からぶつかるような「対向流システム」になっていること。このような点です。

　こうしたしくみによってアネハヅルも、薄い空気の中でも酸素不足に陥ることなく、「飛行」という多くの酸素を必要とする激しい運動を安定して続けることが可能になっています。

　なお、気嚢は肺の一部が拡張してできた組織ですが、内臓まわりの筋肉の働きによって大きく拡張、収縮をするだけで、気嚢自体に酸素を取り込む機能はありません。

　気嚢は、鳥の祖先である恐竜が生まれる以前に、最初に空を飛んだ脊椎動物である翼竜と恐竜の「共通祖先」が体内に生み出したもののようで、翼竜の化石からも気嚢の痕跡が見つかっています。

　また、恐竜の大型化や予想を超える俊敏な動作も、体内にもっていた気嚢システムが有効に働き、必要な酸素を十分に体内に行き渡らせることができた結果ではないかと推測されています。

　祖先が優れた呼吸システムを開発し、羽毛や翼などと合わせて、それを肉体資産として伝えてくれたことで、鳥は現在の繁栄を築くことができたと考えることができます。

気囊が働くしくみ

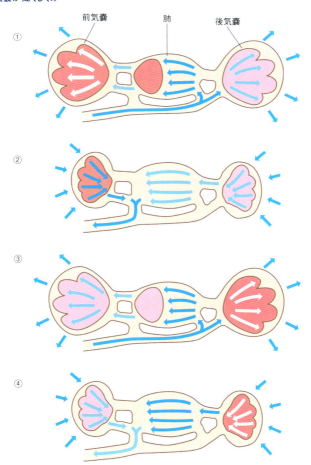

鳥が吸い込んだ空気の大部分は肺の後方にある後気囊に入り、後気囊を膨らませます。その際、吸い込んだ空気は、もちろん肺の中にも流れ込みます。肺を通りすぎた空気と、もともと肺の中にあった空気は前気囊に流れ込み、前気囊を膨らませます。この状態が図の①です。気囊がしぼむと、後気囊の中の空気が肺へと流れ込みますが、同時に前気囊の中にあった空気が、鼻や口から排出されます。これが②です。この繰り返しで鳥は呼吸をしています

2 恒温性を保てない鳥たち

▶▶▶ ハチドリ、カッコウ

　世界最小の鳥はキューバに棲むマメハチドリで、その体重はおよそ1.6グラム。翼開長は5センチメートルほどで、ほぼ幼児の手のひらサイズです。

　マメハチドリに限らず、ハチドリの多くはとても小柄。小柄であるということは、体温・生命を維持するために、大型の鳥と比べて、比率的により多くの食料を必要とすることを意味します。

　ハチドリは北アメリカ中部以南の南北アメリカに分布しますが、特に気温の高い亜熱帯から熱帯を中心に生息しています。

　主食は花蜜で、ほかに小さな昆虫類も食べます。花蜜を主食にするのは、花蜜が高カロリーで吸収効率が高いためです。

　ハチドリが生きていくためには、ふつうの種子では栄養的にまかないきれません。生命維持のために高カロリーの食料が不可欠なのです。ハチドリの長いくちばしと、くちばしに隠れた長い舌は、花弁の奥にくちばしを差し込んで蜜を舐めとるために発達しました。

　ハチドリは常に花のある場所にいますが、いかに小型で軽量の鳥とはいえ、咲いている花やそのまわりに止まれる場所があることはまれです。そのためハチドリは、ホバリングして空中停止する能力を得ました。ハチドリの名前は、こうした飛行の様子や、その羽音がハチに似ていたことに由来しています。

　ハチドリの翼の構造は、鳥類のなかでもかなり特殊。肘や手首に相当する部位の稼働域がほかの鳥とは少し異なっていて、翼を高速で8の字に動かすことができます。1秒間に50回を超える

第2章 魅惑に満ちた鳥の体

ヒノドハチドリ

コスタリカで撮影されたヒノドハチドリ。ハチドリは1秒間に50〜55回（種によっては、最高80回）も羽ばたくことができます

写真提供：神吉晃子氏

羽ばたきと、翼のこの特質によって、ぴったりとした空中停止や、上下・前後左右のあらゆる方向への移動が可能になっています。

体温変動もハチドリの特徴

　鳥として生存できる限界領域サイズであるハチドリの最大の特徴は、恒温性が維持できるのは昼間だけで、夜間は気温の変化に沿って体温が変動すること。特に気温の低くなる明け方、多くのハチドリの体温は、10度から20度以上も下がります。

　体温が下がっている状態のハチドリは上手く動くことができず、昇った朝日に当たって体温が上昇することで、やっと動けるようになります。こうしてハチドリは、夜間のエネルギー消費を最小限に抑えています。夜間のハチドリは、事実上、冬眠をしているようなものです。

　ハチドリが熱帯を中心に分布するのも、体温が下がりすぎないようにするためであり、朝になると同時に動けるようにするためです。また、ハチドリは自身で抱卵してヒナを孵（かえ）しますが、こうした特徴から、夜間に気温が大きく下がる場所では営巣できません。安定した高い気温の場所で育雛するために、小さな体でありながら、数千キロメートルという距離を渡る種もあります。

ハチドリの舌
長く伸びたハチドリの舌。ホバリングしながら細く長いくちばしを花弁の根本深くに差し込み、さらに長く舌を伸ばして、そこにある蜜を舐め取ります
写真提供：神吉晃子氏

カッコウも苦悩？

　カッコウやホトトギスなど、カッコウ類の特徴として、自分で子育てをせず、他種の巣に卵を産みつける「托卵（たくらん）」をすることがよく知られています。先に卵から孵ったカッコウのヒナが、托卵先の鳥の本来の卵やヒナを巣から落として殺してしまうことを苦々しく思う人も多く、その点では、嫌われがちの鳥でもあります。

　カッコウ類が托卵する理由は、まだ完全には解明されていませんが、ハチドリ類ほど極端ではないものの、カッコウの仲間も気温によって夜間の体温が変動してしまうため、自分で抱卵すると卵の中のヒナが上手く成長できずに死んでしまう可能性が高く、それを回避するために他種の巣に卵を産むのではないかという説があります。自分でヒナを孵したいと思いつつも、それが不可能であるため、もしかしたらカッコウやホトトギスは、泣く泣くだれかに托卵しているのかもしれません。

カッコウ
ほかの鳥に抱卵させる「托卵鳥（たくらんちょう）」の代表。春先に日本に渡ってきます。「閑古鳥が鳴く」の閑古鳥（かんこどり）はカッコウのこと

DATA 日本で見られるカッコウ類は、カッコウ、ホトトギス、ジュウイチ、ツツドリの4種。東南アジアやオセアニア北部から渡ってきます。

3　位置計測のプロフェッショナル

▶▶▶フクロウ

　両眼で見ることで、見ている対象の位置や距離を正確に知ることができるように、左右両方の耳で聞くことで、音源の方向と距離、音源の移動の有無などを知ることができます。

　音源の場所を知る（測定する）には、顔の左右、少し離れた位置に耳が2つあり、左右の耳が個別に音を聞き取る（キャッチする）ことがとても重要になってきます。左右の耳に届く数千分の1秒の時間差と聞こえた音の強さの差から、脳は音源の方向と距離を正確に割り出すことができます。

　人間でも、聞こえた音からそれなりの情報を得ることができますが、音をたよりに狩りをする肉食動物や猛禽類が耳から得る位置計測の精度はさらに高く、視覚から得られた情報と脳の中で重ね合わせることで、きわめて正確な座標を手にしています。

　暗い夜間を中心に狩りをするフクロウ類にとって、耳から入ってくる情報は、ほかの鳥以上に重要です。たとえば平たい顔をしたフクロウやメンフクロウは、完全な暗闇の中でも相手の位置や移動方向、移動速度を正確に察知して、襲いかかることができます。

　それを可能にしているのが彼らがもつ特別な耳です。聴力自体もよいうえに、左側の耳が右側よりも高い位置にあるという、左右が平行でない独特の耳をもつことで、水平方向に加えて垂直方向も高い精度で位置や距離を計測することが可能になっています。

　獲物の居場所と移動速度を確認して飛び立ったフクロウやメンフクロウは、相手の三次元の位置情報を微修正しながら飛び、完全な暗闇の中でも、確実に獲物を仕留めることができます。

フクロウの耳のイメージ

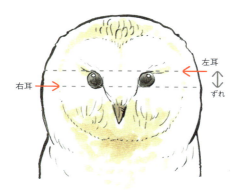

矢印は、左右の耳の位置を示すイメージです。位置にずれがあるおかげで、高さ方向も含めてより正確に相手の居場所を知ることができます。驚いた獲物が飛び立ったとしても、耳はその位置を逃しません

巨大な目

　大きなレンズが光を集めやすいことは、カメラの原理などを通してよく知られています。人間もそれなりに大きな眼球やレンズ（水晶体）をもっていますが、人間からすれば小柄で、1キログラム前後の体重しかない大型フクロウ類の眼球の大きさが人間とほぼ同じと聞くと、驚く人も多いかもしれません。

　こうした巨大な眼球が、暗闇の中でも、わずかな光があればくっきり見える高感度の目をフクロウに与えています。

　人間を含めた動物の目には、光を感じる「桿体細胞」と色を見分ける「錐体細胞」という2種類の視細胞がありますが、フクロウは広い網膜内に、高密度でこの桿体細胞をもちます。これが暗闇でもよく見える目の秘密であり、この目と耳を上手く使って、彼らは高度で確実な狩りをしています。

4　羽音を立てずに飛ぶ

▶▶▶フクロウ

　「猛禽」の中に入るフクロウ類には、鋭い爪があります。音もなく飛んできて襲いかかる夜のフクロウは、他の追随を許さない、優れたハンター……なのですが、昼間のフクロウ（特に小型のもの）は、別人ともいえるほどの「弱さ」も見せます。

　昼間、フクロウ類が基本的におとなしくしているのは、本来、弱者で捕食の対象になるはずのシジュウカラなどの小鳥類に責めたてられ、追い回されるのを回避するためでもあるようです。

　小鳥類はなぜか、昼間のフクロウに対してはとても攻撃的で、執拗に追いかけて攻撃を加えることもしばしばです。

　江戸時代には、こうした状況を利用した鳥の捕獲も行われていました。林の中のよく見える場所にフクロウの入った鳥籠を設置したり、足を紐でつないだフクロウを直に置いたりすると、ここぞとばかりに小鳥が攻撃をしかけようとするので、まわりに網を張って、それを捕まえます。フクロウ類を囮にした小鳥の捕獲方法は、「菟引き」と呼ばれました。なお、明治以降もこの方法を使った小鳥の捕獲が行われていたことがわかっています。

サイレンサーつきの風切羽

　体の大きな鳥が羽ばたくと、それなりに空気を打ちつける音がして、小動物などの心に警戒を呼びます。ところがフクロウの羽ばたきは静音で、獲物とされた者がフクロウに気づいたときには鋭い爪に捕えられ、絶命しているような状況になります。フクロウは、「音もなく忍び寄る暗殺者」そのものです。

第2章 魅惑に満ちた鳥の体

　鳥の風切羽は先端までシャープで、きれいに揃っているのがふつうですが、フクロウの風切羽の端は、羽弁の広い側の先端部分の羽枝が綿羽のように細くふわふわになっていて、羽弁の反対側にはノコギリの刃状のギザギザ（セレーション）があります。こうした構造が、音の発生につながる空気の渦などをつくらせないため、フクロウはきわめて静かに飛ぶことができるのです。

　かつて、最高時速300キロメートルでの走行をめざしていたJR西日本の新幹線には、高速化と同時に騒音の低減対策が求められていました。最終的に、パンタグラフのまわりから出る騒音を、フクロウの風切羽からヒントを得た構造を取り入れることで解決したのは有名な話です。

フクロウ

「菟（ずく）」は、フクロウ類の別名です。たとえばミミズクを漢字で書くと木菟となります。例外もありますが、耳のように見える羽角をもったフクロウ類を一般に「〇〇ズク」と呼んでいます

フクロウの羽毛の形状

ほかの鳥種には見られない、独特な形状です
写真提供：iStock.com/wwing

DATA　日本では、フクロウ、コノハズク、ミミズクなど、十種類前後のフクロウ類を見ることができます。

5 鼻の穴がなくなった鳥

▶▶▶カツオドリ

カツオドリは、海面近くにいる魚の群れに向かって急降下ダイブして、その日の食料を捕えます。その姿は、「海に向かってミサイルを打ち込むよう」と表現されるほどのすさまじい勢いです。

翼をたたみ、首をぴしっと伸ばし、体を細く一直線にして飛び込むわけですが、実は、こうした漁にまだ慣れていない若鳥などが、うっかり首の固定に失敗すると、首の骨を折ってそのまま絶命することもあるほどの命がけの行動となっています。

海に飛び込むカツオドリの仲間

プールなどに勢いよく飛び込んだ際、人間は、角度が悪いと鼻に水が入って苦しくなることがあります。水中生活に適応した一部の哺乳類は、水中に潜るとき、鼻まわりの筋肉を使って意図的に鼻の穴をふさいだりしますが、鼻のまわりが動かない鳥類には、それは不可能な技。

そのため、カツオドリの仲間は、「顔から鼻の穴を消す」という常識を超えた手段でこの問題を解決しました。

第2章　魅惑に満ちた鳥の体

　海中への高速での飛び込み漁は、「鼻の穴を消す」という肉体改造によって生まれた、彼ら独自の「スゴ技」だったのです。
　一般的な鳥は、人間などと同じように、くちばしを閉じているとき鼻を使って呼吸していますが、哺乳類の口とちがって鳥類の口は完全密閉できないことから、呼吸の鼻への依存度は少し下がります。人間は鼻をふさがれたら息苦しくなりますが、カツオドリなど一部の鳥は、そうではない（なかった）のかもしれません。
　なお、カツオドリの名前は、カツオドリが漁をする周囲には同じ群れの小魚を追うカツオが集まっていたことに由来しています。

カツオドリの仲間は、海に向かって打ち込まれたミサイルのように水中に飛び込み、魚を獲ります。体のコントロールを誤ると、首の骨を折って死亡することもあります。鼻の穴がなくなったのは、そうした生活スタイルに合わせた進化と考えられています　　写真提供：iStock.com/NCHANT

DATA　カツオドリは、伊豆諸島、小笠原諸島、琉球諸島南部、鹿児島県草垣群島で繁殖。このほか、アオツラカツオドリが尖閣諸島で繁殖しています。

6　ミルクで子育てをする鳥たち

▶▶▶ ハト、フラミンゴ、コウテイペンギン

　獰猛なサメとして知られ、映画『ジョーズ』のモデルにもなったホホジロザメの母親が、子宮内にある突起から脂質を多く含むミルク状の液体を分泌して、胎内で仔ザメを育てていたことが判明しました。もちろん、それ以前から、「ミルクで子育てをする鳥」がいることも、よく知られています。

　母乳的なものをつくる能力を、さまざまなかたちで脊椎動物がもっていたことがあらためて確認されました。母乳で子育てするのは哺乳類だけというのも、誤った固定観念になりつつあります。

ハトの場合

　ハトが世界の広い領域で繁栄している理由の1つに、季節を問わずに子育てができる「高い繁殖力」を挙げることができます。

　家禽化されたカワラバトが再野生化したドバトは、日本でも都市部や神社仏閣のある土地を中心に、多くの場所で目にすることができます。なお、ドバト（土鳩）という名称は、お堂、あるいは搭に棲むハト（堂鳩・搭鳩）からきているという説が有力です。

　野山に暮らすハトは、ほかの鳥と同様に決まった時期に卵を産み、ヒナを孵して子育てをします。しかし、ドバトやキジバト（の一部）は、カラスやスズメと同様、人間のそばで暮らすことを選択しました。そうすることにより、野山よりも安全を確保しやすく、エサの確保にも困らなくなるという判断があったためです。人間は特別優しくしなくても、無闇にハトに害意を向けたりしません。どちらかといえば空気のような存在と見て、無視して通り

ドバト

食用、通信用としてカワラバト（河原鳩）を品種改良してつくられたドバトは世界に拡散しました

すぎます。人間は気軽に食べ物をくれたり、捨てたり、落としたりするので、ハトにとっては意外に好ましい相手でもあります。

　実はハトは、食道の途中にあって一時的に食べ物を溜めておく場所でもある「そ囊」の中で、哺乳類のミルクにも似た濃い液体「ピジョンミルク」をつくることができます。ピジョンミルクは、そ囊でつくるミルクということで「そ囊乳」とも呼ばれます。

　哺乳類の母乳に比べて、ピジョンミルクには、脂肪分とタンパク質が多く含まれています。ハトはこのミルクをヒナに与えて子育てをします。ミルクをつくることができるのはメスだけでなく、つがいの相手のオスも可能であり、両親からミルクをたっぷりもらうことで、ヒナはあっという間に大きくなります。

　自分が暮らすのに十分な量プラスアルファの食料があれば、ハトは基本的に1年のどの時期でも子育てを始めることが可能です。寒い時期であっても、人間の家屋やその近くのあたたかい場所に巣をつくれば、ヒナも凍えずにすみます。こうした事情や体質から、ハトは大きな繁栄を手に入れることができました。

フラミンゴの場合

フラミンゴの仲間も、ハトと同じようにそ嚢でミルクをつくります。こちらは、「フラミンゴミルク」と呼ばれます。

赤い羽毛が目立つ中南米のベニイロフラミンゴは、特殊なくちばしで水の中にいる動物プランクトン、植物プランクトンを濾し取って食べます。彼らの赤い羽毛の色は、植物プランクトンの藻類に含まれるカロチノイドが羽毛に運ばれて着色したものです。

生まれたばかりのベニイロフラミンゴのヒナは真っ白な羽毛をしていますが、与えられるフラミンゴミルクには親が経口摂取したカロチノイドが含まれているため、成長するにしたがってヒナの羽毛も赤く色づいていきます。

コウテイペンギンの場合

コウテイペンギンは、暗い真冬の南極大陸で、オスが立ったまま抱卵します。メスが卵を産む直前まで、オスは海でたっぷり食事をし、体重を増やします。メスが産んだ卵を預かると、卵を抱き始めます。そして、ヒナが孵るまでの約2か月間、オスは一切なにも食べずに、ひたすら卵を抱き続けるのです。その間、メスは海でお腹いっぱい食事をして、ヒナが孵化するタイミングに合わせてオスのもとに帰ってきます。

たっぷり栄養の詰まった大きな卵から孵ったコウテイペンギンのヒナは、数日ならひもじさを我慢することができますが、さらに何日も待つことは体力的に不可能です。このギリギリのタイミングに、オスはそ嚢の内壁を溶かすようにしてつくった「ペンギンミルク」をヒナに与え、メスの帰還を待つ「つなぎ」にします。

自身も2か月絶食して、体重を4割も落としている父親がペンギンミルクをつくれるのは、基本的に一度きり。

まさに「壮絶」という形容しかできません。

ベニイロフラミンゴ

フラミンゴは、中南米、アジア西部とアフリカの沿岸部に6種が分布します。日本人がフラミンゴとしてよくイメージする赤い鳥は、中南米に棲むベニイロフラミンゴです

写真提供：iStock.com/yanta

コウテイペンギン（皇帝ペンギン）

ペンギンの最大種。零下40度にも達する暗黒、極寒の南極の冬に、オスのみが抱卵します。エンペラーペンギンとも呼ばれます

COLUMN 03

ドードーだってハトである

　かつて、ドードーという、ずんぐりとした飛べない鳥がいました。『不思議の国のアリス』にも登場する、よく知られた鳥です。棲んでいたのはマダガスカル島の東の沖に浮かぶモーリシャス島。

　飛べないうえに行動も俊敏でなかったために、発見から100年も経たずに地上から姿を消してしまいました。野生のドードーが最後に確認されたのは、17世紀末の1681年のことだといいます。

　まわりが海に囲まれた孤島などに暮らす鳥は、捕食する敵が存在しない安全安心な環境にいると、容易に飛翔力を失って飛ばなくなります。どんな種、どんな属でもそれは起こります。クイナの仲間である沖縄・山原のヤンバルクイナが飛ばないように、ハトの仲間であったドードーも、翼を退化させてしまいました。

　そう。ドードーは、ダチョウやキーウィなどの走鳥の仲間ではなく、ハト目の鳥でした。そのため、大型化はしても、ハト類だけがもつ独特な性質が維持されていた可能性は否定できません。

　ハト類は、そ嚢でつくられるピジョンミルクで子育てをします。だとしたら、同じくハトの仲間である絶滅鳥のドードーもまた、ミルクで子育てしていたかもしれません。どんな子育てをしていたのか、想像（妄想）はふくらみます。できることなら、今も地上にいて、育雛する様子を直に見てみたかった……。

ドードー、来日する!?

　鎖国していたはずの江戸時代の日本に、海外から珍しい鳥が大量に運ばれていた事実があります。中南米産のボウシインコのほか、ヒクイドリなどの東南アジア・オセアニア産の大型鳥も渡来

していました。その中に、生きたドードーもいたらしいことがわかってきました。

当時、鳥などの生体も、オランダ船と中国船によって長崎の出島に運ばれ、そこから陸上げされるのが常でした。1638年から、ドードーの絶滅をはさんだおよそ100年間、モーリシャス島はオランダ領でした。そのため、オランダ人にとって、ドードーの捕獲は難しくなく、そうした経緯もあって日本に運ばれて来たと予想されています。

江戸時代中期以降に出島に上陸した外国産の生き物は、幕府によって派遣された御用絵師が記録としてその姿を絵に残し、絵は江戸に運ばれるのが常でしたが、江戸時代初期にはまだそうした制度は整っていませんでした。そしてドードーはそんな時期に日本にやってきて、日本で死んだようです。そのため絵というかたちの記録は残っていません。また、珍しい鳥は江戸城に献上されるのも常でしたが、ドードーはその対象になっていなかったのか、出島を出ることなく、この地で生涯を終えたようです。

ドードーの姿

出島のどこかに、今もその骨が眠っていると考えられていて、発掘調査に期待が寄せられています

7 孵化するタイミングを揃えて生まれてくる

▶▶▶カモ、ウズラ

　ガン・カモ類のヒナは離巣性で、生まれた直後から目も見えていて、自分の足で歩き、自分でエサを見つけて食べることができます。

　また、彼らが、孵化して初めて見たものを「親」と思ってついて歩くようになる「刷り込み(インプリンティング)」という性質をもつことも、よく知られたとおりです。

　繁殖シーズンに、カルガモが多数のヒナを連れて道路を渡り、生活の場となる水辺に向かうニュースが毎年のように伝えられています。親のあとを追うのは、ぴったり同じ大きさのヒナです。その姿から、数日のずれもなく同時に孵化したことがわかります。

　たとえばインコなどは、最初の卵を産むとすぐに抱卵を始めます。産卵は1日か2日おきになるため、当然ながら、孵ったヒナの大きさ(成長度合い)は不揃いで、最初に生まれたヒナと最後に生まれたヒナでは数倍の体重差があることもしばしばです。

抱卵はすべての卵を産み終えてから

　それに対してカモ類は、すぐには卵を抱かず、すべての卵を産み終えてから抱卵を開始します。カモ類は基本的にメスだけで抱卵、育雛をするので、産むと同時に抱卵に入ると、最初のヒナが孵った時点で、エサを食べさせるために巣を離れる必要が出てきます。しかし、ヒナへと成長する途中の卵の中の胚は、いったん成長を始めると加温の中断は不可能で、親が何時間も巣を離れると冷えて死んでしまうことから、それを回避するために、すべ

カルガモ

カモ類のオスは、メスに比べて派手なものが多いなか、カルガモのオスはやや濃い体色をしているものの、ほかのカモのような派手な色はしていません

DATA　基本的に留鳥。北海道では夏鳥ですが、全国的には留鳥で、日本で子育てをします。

ての卵を産み終えてから抱卵に入るわけです。

とはいえ、生き物ですから、同時に抱卵に入ったとしても、十〜十数個の卵がぴったり同じ時刻に孵化をするとは限りません。カモ類の抱卵期間は28日〜29日ほど。それだけの期間の抱卵の場合、ほかの鳥であれば半日から1日ほど孵化にずれが出てくることもふつうです。

しかし、カモの場合、±1時間ほどの幅という、測ったようなぴったりの時間で卵から出てきます。親からすれば、とてもありがたいタイミングですが、もちろんそれにも理由があります。

ヒナが行う成長のコントロール

　卵の中で成長が進んだヒナは、孵化の数日前から耳が聞こえるようになり、親の声や環境の音などを聞いて馴染むようになります。

　もちろん、親が卵を転がしたり、隣と入れ換えたりする際の振動など、物理的な情報もヒナには伝わっています。

　孵化が近づいてくると、卵の中のヒナは、卵の内側から卵殻を突つき、その音をまわりの卵に伝えるようになります。ヒナが卵の内側から出す音には一定の決まりがあり、それぞれが出す「音」を聞いた卵の中のヒナは、自分の成長がみんなより早いのか遅いのかを知ります。

　孵化が遅れそうだとわかったヒナは、速く成長する脳の中のスイッチをオンにして、遅れを取り戻そうとします。逆に、ほかの卵よりも早く孵化してしまうことを知ったヒナは、脳の中の別のスイッチをオンにして、自身の成長を遅らせるようにします。

　こうして、それぞれのヒナが孵化に向かって成長しながら、自身の成長速度を細かくコントロールすることで、卵殻に最初のヒビを入れる時間をぴったりに合わせるようにするのです。

　もちろん鳥にも個性があって、器用、不器用もあります。また、卵の微妙な厚みのちがいが割れやすさにわずかな差をつくることもあります。

　そのため、同時に孵化を始めても、30分、1時間の「誤差」は生まれてしまうわけです。

　それでも、1か月近い抱卵期間に対して、30分、1時間のちがいなどは、ほんの些細なこと。3時間も遅れてしまったら、親は孵化を待たずに去ってしまうかもしれませんが、1時間は焦ることもなく待てる範囲です。

こうしてほとんど同時に卵は孵化し、羽毛も乾いたところで、カモの親はぴったり同じサイズのヒナを連れて、エサ場へと移動を始めます。

刷り込み効果から、ヒナたちは生まれてすぐに見た母鳥を「親」と認識して、自身の足でついていきます。私たちがテレビのニュースなどで目にするあの親子連れのカモの姿は、こうしてできあがったものです。

なお、ガン・カモ類とは別の目であるキジ目のウズラのヒナも、同じように孵化を調整して生まれてくることがわかっています。

母鳥のお腹の下で成長速度を伝えあう卵たち

卵の中のヒナは、たがいに音を伝え合うことで誕生のタイミングをコントロールし、ほとんど同時に孵化します。卵がたがいに接していることが、バースコントロールの鍵となります

8　構造色がつくる多彩な色

▶▶▶カワセミ、ウミウ

　赤、黄、青、緑、紫。茶、黒、白、灰色。

　羽毛には、さまざまな色があります。また、1枚の羽毛の中で、途中からくっきり色が変わっていたり、グラデーションが見られたり、多彩な色が散りばめられているものもあります。見る角度によって色合いが変化するものもあります。

　人間よりも広い可視域をもち、高い色の識別能力をもつ鳥には、あらゆる鳥のすべての羽毛色が、くっきり鮮やかに見えています。それゆえ、進化の過程で、ここまで色彩豊かな羽毛をつくりあげることができたわけです。また、そうした鳥の羽毛色は、人間が感じる「美」にも、さまざまな影響を与えてきました。

　鳥は、ベースとなる色素として、ユーメラニンとフィオメラニンという2種類のメラニン色素をもっています。黒色・暗褐色の顆粒であるユーメラニンは、灰色～黒、黒褐色といった色をつくります。一方のフィオメラニンは、黄色～黄褐色、赤褐色の色をつくります。

　このほか、カロチノイド、ポルフィリンなどの色素をもつものもいます。スーパーに並ぶきれいな色の野菜を見てもわかるように、カロチノイドは黄、オレンジ、赤などの色をつくります。

　色素がつくる「色素色」に加えて、羽毛の表面や内部の分子構造がつくる色、「構造色」もあります。

　この2つのタイプの色を組み合わせて、鳥はさまざまな羽毛の色や柄をつくりあげています。なお、鳥がもつ構造色は羽毛限定というわけではなく、皮膚や瞳の虹彩に構造色をもつ種もいます。

羽毛表面の凸凹が特定の色だけ反射する

　構造色には、いくつか種類があります。よく知られているのが表面構造の凹凸によって青や緑などの特定の色が見えるもの。セキセイインコの例がわかりやすいので、これで解説してみましょう。

　原種のセキセイインコは、鮮やかな緑色の羽毛に黒い縞が乗ったかたちになっていますが、実はセキセイインコは青や緑の色素をもっていません。

　黒い部分は多くの鳥がベースとしてもっているメラニン色素の色です。セキセイインコの羽毛は多層構造になっていて、メラニンが存在する層の上に構造色をつくる層があって、ここが青の色をつくっています。さらにその上に、黄色いカロチノイド系の色素の層があります。つまり、緑色のセキセイインコ原種の緑は、「青」＋「黄」の組み合わせでつくられたものだということです。

　セキセイインコでは、いくつかの遺伝子のスイッチをオフにしたり弱めたりすることで、非常に多くの品種が生み出されていますが、たとえば黄色をつくるカロチノイドの働きを抑えると、全身が緑→青になります。

セキセイインコ
黄色い色素がなくなって青が強調された品種。写真はブルーオパーリン種。この品種では、メラニンの働きも弱められ、原種ほどの縞模様は見られません

実は白くないライチョウの冬羽

　冬のライチョウは、雪の中にいて目立たない白い羽毛が特徴ですが、顕微鏡で観察すると、その羽毛は白くありません。

　光の場合、複数の波長の色を重ねていくと、白くなります。羽毛表面の構造があらゆる波長の光を散乱させると、全体として白く見えます。それが白いライチョウ冬羽の秘密です。

メラニン顆粒の並びが色を変化させる

　メラニン色素は、人間や哺乳類の髪の毛や皮膚、虹彩の中にも存在します。鳥の羽毛の中に存在するメラニン色素は、もともとは羽毛の構造強化のために取り入れられたものだったと考えられています。メラニンがそこにあることで羽毛は磨耗しにくくなり、次の換羽(かんう)まで、よい状態を保ちやすくなるからです。それがいつしか、さまざまな色をつくるようになって現在に至ります。

　またメラニンは、色素として色をつくるだけでなく、その表面の構造や並びの構造によって構造色もつくります。つまり、メラニンは、構造色と切っても切れない関係にあります。

　メラニンの微粒子(顆粒)が整然と並ぶところに光が差し込むと、反射した光の波長が角度によって変化し、色が変わって見えます。その色変化は「虹色」などと表現されることもあります。

　これが、金属光沢を放つオスのマガモの頭部の色であり、クジャクやカワセミの羽毛の色のもとになります。光の加減によって紫がかって見えたり緑がかって見えたりする、カラスやウの羽毛の色も、構造色がつくりだしていました。

　なお、鳥の羽毛にあるメラニン顆粒がつくる色鮮やかな構造色は、鳥が独自に生み出したものではなく、祖先の肉食恐竜がすでにもっていたものを引き継いだものであったこともわかってきました。

第2章　魅惑に満ちた鳥の体

カワセミ

身近な水辺に暮らす青い鳥。頭部とくちばしが大きいことが特徴です　　写真提供：神吉晃子氏

DATA　カワセミ科では、カワセミとヤマセミが留鳥として日本に暮らすほか、夏鳥としてアカショウビンが渡ってきます。

ウミウ

緑色の金属光沢を帯びた黒い翼をもちます。鵜飼で使われているのがウミウです

DATA　ウは潜水して魚を獲ります。ウ科はカツオドリなどと同じカツオドリ目です。カワウ、ウミウ、ヒメウのほか、冬鳥として、チシマウガラスが日本近海に飛来します。

9　零度の水につけても凍傷にならない足

▶▶▶ ペンギン、ツル

　南極や、その周辺に棲むペンギンは、氷や雪の上を歩いたり、冷たい海の中に入ったりするため、足は常に冷えた状態にあります。冷気に触れる部分を減らすためにペンギンの足は極端に短くなりましたが、それでも、かかとから先の部分にむき出しの皮膚が残ります。

　一方、タンチョウなどのツルの仲間は、真冬に凍てついた川の中を歩いたりします。また、安全確保のため、川や池の中に立ったまま眠るケースもあります。真冬の池や沼では、彼らが立っている場所を含めて、水の表面が凍りつくことがありますが、そんな状態にあっても、ペンギンもツルも凍傷にはなりません。冷えた血液が心臓に戻って、具合が悪くなることもありません。

　それは、自身の血液によって足先に向かう動脈血を冷やし、体の中心部に戻ってくる静脈血を温めるしくみをもっているためです。また鳥の場合、意図的に足先に向かう血液の流量を減らすことも可能で、併せて上手なコントロールが行われています。

　右ページにペンギンの足を例に、動脈と静脈の構造の模式図を掲載しました。彼らの動脈と静脈は網の目状に広い範囲で接していて、40度もある動脈血の熱が静脈に伝わるようになっています。寒冷な水辺に棲むほかの鳥でも、反対方向に向かって流れる動脈と静脈は密に接していて、熱交換が行われるかたちになっています。こうしたしくみを「対向流熱交換システム」と呼びます。

　なお、海中に適応したペンギンの場合、翼（フリッパー）や呼気の通り道である鼻道にも、これに近いしくみが存在しています。

第2章 魅惑に満ちた鳥の体

タンチョウ

ツルは外敵から身を守るために、川や沼などの浅瀬に一本足で立って眠ります。肉食の獣が水に入ってまで襲ってくることはまれで、仮に襲ってくることがあったとしても、立てる水音で気づいて、すぐに飛び立つことができます

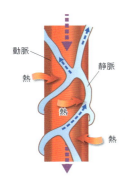

血液の対向流熱交換システム

動脈を囲むように静脈が走ります。足先に向かう温かい動脈血は冷えた静脈血によって冷やされます。逆に足先から心臓に向かう静脈血は動脈から伝わる熱によって温められ、冷えた血液が直接心臓に戻らないしくみをつくっています。イラストはペンギンの足の血管のイメージです

10　ウミガメの涙、海鳥の鼻水

▶ ▶ ▶ ミズナギドリ、ウミツバメ

　涙を流しながら産卵するウミガメの映像を見て、「痛みをこらえながら、がんばって卵を産んでいる」と思う人も少なくないようです。しかし、ウミガメの涙は、痛みをこらえて流しているわけでも、我が子の誕生に感動しているわけでもありません。

　海で暮らし、直に海水を飲んでいる爬虫類や鳥類には、塩化ナトリウムに代表される塩分を体外に排出する体組織「塩類腺(塩腺)」があります。

　真水のある陸地とは縁遠い生活をする海鳥は、海水以外に水分の補給源をもたないことから、海水から直に必要な水分を摂取する必要がありました。そうした暮らしを続けるために、塩類腺は誕生し、発達してきたわけです。

　ウミガメでは、この腺の排出口が目頭にあります。ウミガメの涙は、人間の涙とはちがって塩分を排出するためのもの。悲しい、嬉しい、辛いなどといった感情の発露とは無関係でした。

　ペンギンなど、潜水して魚を捕える鳥にも塩類腺がありますが、鳥類の塩類腺の濾過器は目の上部の「額」に相当する部位の内部にあり、濾過された余分な塩分が排出される穴は鼻の奥に開いています。そこから濃い塩水が鼻の穴を通して外へと流れ出ていきます。つまり、海鳥の場合、血液中の余分な塩分は、「鼻水」のようなかたちで排出されるわけです。

　なお、海中生活に適応したペンギン類のほか、ウミツバメ類やアホウドリなどが塩類腺をもちますが、鳥類の中でもっとも塩類腺が発達しているのはミズナギドリの仲間です。

オオミズナギドリ

ミズナギドリの仲間は、鳥類の中でもっとも塩類腺が発達しています

DATA 外洋性の海鳥ですが、シロハラミズナギドリ、セグロミズナギドリ、オオミズナギドリ、オナガミズナギドリ、アナドリなどが小笠原諸島などの離島で繁殖しています。

アシナガウミツバメ

ウミツバメ科は、ミズナギドリ目の中の小型の鳥のグループです。名前は、ゆるくV字に切れ込んだ尾羽に由来しています。写真は、南極大陸周辺で繁殖するアシナガウミツバメ。まれに日本近海にも飛来します　　　　　　　　　　　　　　　　　　　　　　写真提供：iStock.com/hstiver

DATA ハイイロウミツバメ、コシジロウミツバメ、ヒメクロウミツバメ、オーストンウミツバメなどを日本近海で見ることができます。

COLUMN 04

ペンギンとミズナギドリの微妙な関係

　ペンギンも海水を飲む鳥であり、余分な塩分は鼻から流れ出ます。ペンギンはときどき首をプルプル振って、顔の水気を吹き飛ばしていますが、そのとき飛んでいるものの大部分は、鼻水として流れ出た海水の塩分です。

　ウミツバメ科は、もともとミズナギドリと近縁で、同じミズナギドリ目ですが、実はペンギン目とミズナギドリ目もきわめて関係が近く、数千万年前に、共通祖先がペリカン目などのほかの水鳥のグループから分かれて誕生したことがわかっています。

　もちろん、その当時のペンギンの祖先は悠々と空を飛ぶ海鳥で、その習性や暮らしはミズナギドリやウミツバメに近かったと考えられています。そんな親戚関係にある鳥だったからこそ、海中生活に適応し、飛ぶように泳ぐ鳥へと進化することができたわけです。

プルプルと左右に首を振るペンギン
ペンギンの鼻水は濃縮された海水成分が中心であるため、とても「しょっぱい」といわれます

第3章

身近な鳥も秘密を隠す

1 ハト　海水を飲むアオバト、位置を知るカワラバト

▶▶▶ ハト目ハト科

　知っているようで、実はよくわかっていない鳥の代表ともいえるのがハト。地磁気や太陽の角度に加え、過去の記憶、地域ごとにある固有の「匂い」も利用して、帰る場所を探し出す、驚異的な能力をもちます。古代から「伝書鳩」として通信に利用されたのは、こうした力があったがゆえです。また、ハトの脳は必要に応じて多くのことを学習し、適切な判断を下す能力ももちます。

　ハトは、棲む環境でサイズが大きく変化します。最小クラスは、体長15〜17センチメートルほどのスズメバトなど。最大クラスは、ニュージーランドバトやマイヒメバトで、体長が50センチメートルを超えます。飛ばなくなると、さらなる巨大化が可能なことを、絶滅した最大級のハト類、ドードーの例が示しています。

カワラバト→伝書鳩→ドバトの流れ

　日本でもよく見かけるドバトは、地中海沿岸部から中央アジア、インドにかけて生息するカワラバトが一度家禽化されたあと、再野生化したものです。エジプト、メソポタミア、インダス、ギリシア、ローマの人々にとって、とても身近な鳥だったこともあり、愛玩用や通信用に飼育された過去をもちます。

　なお、ドバト（カワラバト）は飛鳥時代までは日本には生息しておらず、奈良時代から平安時代初期のどこかで大陸から船で運ばれたようです。天然記念物に指定されているシラコバトも、実は江戸時代に飼育目的で輸入され、放たれたものでした。遺伝子の解析から、インドに分布する亜種に近いことが判明しています。

海水を飲むアオバト

　日本に生息するハトの中で一風変わった行動を見せるのが、丹沢などの山地に暮らすアオバトです。丹沢のアオバトは春から秋にかけて、毎日数十キロメートルの距離を飛び、大磯の海岸(照ケ崎海岸)の決まった岩場までやってきては、海水を飲みます。

　不足するミネラルを補うためと考えられていますが、溺死の危険を冒してまで、わざわざ磯で海水を飲む理由はわかっていません。アオバトはアジア東部にも生息していますが、日本以外でこうした行動を見ることはありません。また国内でも、海水ではなく、温泉水を飲んでミネラルの補充をするグループが存在します。

身近なハトの種類

日本に棲むハト	ドバト、キジバト、アオバト、シラコバト、ズアカアオバト、カラスバト、キンバト
迷鳥、旅鳥	ヒメモリバト、ベニバト、カノコバト

アオバト

樹木が繁る森林に適応したオリーブ色のハト。顔から胸にかけては明るい黄緑色。メスは全身が緑系なのに対して、たたんだ状態のオスの翼では、ぶどう色の羽毛が目立ちます。くちばしは、オス・メスともに鮮やかなコバルトブルー。サクラ類やキイチゴ類などの果肉を好んで食べます

DATA 留鳥。北海道のアオバトは夏鳥で、冬期は本州以南に移動します。沖縄地方にいるズアカアオバトは亜種ではなく、別種。

強い飛翔能力

　ハトは、北半球の高緯度地方と南極を除いた世界の各地に棲みます。陸地から離れた多くの島にも生息し、そこで固有種や亜種を形成しています。こうしたハトの拡散力を支えているのが、強い飛翔力と繁殖力です。

　敵が少なく、安定して食料が得られるなど、移動の必要がないハトはその土地への定住性を高めますが、まさかのときなど必要時には、長距離を飛び抜ける力が多くのハトには備わっています。「鳩胸」という言葉もありますが、胸が張ったずんぐりしたハトの体型は、飛翔の要である胸筋がきわめて発達している証。また、胸筋ほかのハトの筋肉の強い赤みは、多くの酸素を溜め込むタンパク質「ミオグロビン」の色で、連続した高速飛行や長い渡りにも耐える、高い持久力をもつ証でもあります。

　カモ類のように越冬地と繁殖地のあいだを移動するヨーロッパキジバトなどは、数千キロメートルもの距離を移動します。絶滅した北米のリョコウバトも同様で、絶滅前はカナダとの国境がある五大湖の周辺と、メキシコ湾岸のあいだを往復していました。

　ハトの体長は平均で33〜35センチメートルほどで、このサイズのハトは、時速70キロメートルの速度で飛ぶことができます。ドバトやキジバト、アオバトなどが、ちょうどこの大きさです。

　それより少し大きい40センチメートルクラスのハトになると、時速100キロメートル前後の速度も出ます。体長40センチメートルのリョコウバトは、この速度で渡りをしていたようです。

高い繁殖力

　ハト類の多くは種子や果実などの植物系のものを主食にしながら、必要時にはミミズや昆虫なども食べる雑食性です。強力な筋

胃をもち、消化を進めるための小石も飲み込んでいるため、硬いトウモロコシや豆類なども、なんなく飲み込み、しっかり消化することができます。食べられるものの幅が広いということもまた、ハト類の特徴といえるでしょう。

また、2章でも触れたように、ハトの仲間は「ピジョンミルク」で子育てをします。ヒナに合わせたエサを調達する必要がないため、親が食べられるエサが十分にあれば、時期を選ばずにヒナを育てることが可能です。そのため、ドバトなど人間に寄り添って生きるハトは、1年に何度でも育雛することが可能です。こうした食性や特性が、ハトの高い繁殖力を維持しています。

ただし、世界のすべてのハトが高い繁殖力をもつわけではありません。いなくなったりしないと過信して乱獲した結果、「50億羽」という、当時の世界人口をはるかに超える数がいたリョコウバトが、わずか30年ほどで絶滅してしまった例もあります。現在、リョコウバトはきわめて繁殖力が弱く、大きな群れをつくらないと数が維持できない鳥だったことが判明しています。

場所を記憶する能力

こうした特徴に加えてハトは、場所や飛行のルートをおぼえられる高い空間記憶能力ももっています。人間の場合と同様に、大脳の中にある発達した「海馬」が、その能力の支えになっていました。なお、鳥の海馬は人間とはちがい、頭蓋骨頭頂部のすぐ真下に位置しています。

離れた場所からも自分の巣に戻ろうとする「帰巣本能」をもったカワラバトを飼育、品種改良して伝書鳩がつくられ、飼育されていたカワラバトが再野生化して現在のドバトが生まれました。

彼らは太陽の位置や角度、磁気も感じて正確な飛行ルートを

選び、もといた場所に戻ろうとしますが、その際、巣のある土地や、行ったことのある土地の「空気の匂いの記憶」も帰巣するのに利用していることがわかっています。

　脊椎動物の大脳の先端、鼻先側に、鼻から入った匂いの情報を処理する「嗅球(きゅうきゅう)」という組織があります。肉食の哺乳類のほか、ティラノサウルスなどの肉食恐竜、鳥類では匂いをもとにエサを探す習性のあるキーウィなどが嗅球を発達させていますが、ハトの嗅球もよく発達していました。

　植物が繁っている場所には、その植生由来の匂い成分があり、人間の町にも町特有の匂いがあります。鉱山や海のそばなどにも、独特な匂いがあります。そうした土地ごとの匂いをハトは感じ取って記憶し、場所の特定に役立てながら飛行しています。

ドバト

人間の手で改良され、鑑賞用を含めて多くの品種がつくられました。ドバトのつがいの仲むつまじい様子を、町中でもよく見かけます

写真提供：神吉晃子氏

DATA　種の分類としてはカワラバトと同じ。極地を除いた世界に広く分布。

2 カラス　ハシボソガラスのクルミ割り

▶▶▶ スズメ目カラス科カラス属

　全身が真っ黒であること、動物の屍肉をあさったりすることがあることなどから、カラスは古くから「不吉」な存在とされてきました。身近な鳥の中でも特に大きな体とくちばしをもつことも、人々に恐怖や忌避感を抱かせる要因となっていたようです。

　また、鳥類の中でもっとも発達した脳をもつがゆえに、人々からその能力を称賛される一方で、その能力が仇となって嫌われることもありました。いずれにしても私たちはまだ、カラスのことを十分に理解するには至っていません。

学習するがゆえに火を恐れない

　昔から言われてきた「カラスが鳴くと人が死ぬ」というのは根拠のない俗信ですが、「夜、カラスが鳴くと火事が起こる」や、一部の土地で語られた「月夜烏は火に祟る」ということわざめいた言葉には、俗信とは言い切れない背景が確かにありました。

　カラスには、すぐに食べないものを隠してあとから食べる「貯食」という習性があり、そうしたカラスの貯食行動は、過去にさまざまな「事件」を引き起こしてきました。

　1996年に起きた東海道線レールへの「置き石事件」は、レールの枕木の下や石のあいだに食べ物を隠していたカラスが、その際に取り去った石をレールの上に置いたまま飛び去ったことが原因でした。ちょうど同じころ、幼稚園の手洗い場からひんぱんに石鹸が盗まれるという事件もありましたが、調べるとそれもカラスのしわざで、食べるために石鹸を盗んだものとわかりました。

なにかを見つめるハシボソガラス

カラスには、対象を見つめながら熟考するような様子が見られることもあります

写真提供:神吉晃子氏

　それから数年後、カラスは京都の伏見稲荷から火のついたロウソクを盗み、落ち葉の奥に「保存食」として隠そうとした結果、そこから火が出るという「ボヤ騒ぎ」も起こします。

　石鹸とロウソクの事件に共通するのは、両者はともに油分を含んでいることから、カラスはその油分を欲して盗んだのだろうと推察されること。とはいえ、それを食べてお腹いっぱいにしようとしたわけではなく、「嗜好品」として少しずつかじるつもりだったのではないかと、専門家は指摘しています。

　近づけば火が「熱い」ことを、もちろんカラスも理解します。そのうえで、ロウソクのどこをもてば熱くないか、危険がないかも、少し考えて、しっかりと理解します。

身近なカラスの種類

日本で見られるカラス	ハシボソガラス、ハシブトガラス、ミヤマガラス、ワタリガラス、コクマルガラス

ロウソクを立てて、それに火をつけた人間の行動を見て、熱くないやり方を「模倣」することも、カラスにとってはたやすいこと。そして、扱い方さえまちがえなければ、「火」はけっして怖いものではないことも、簡単に、十分に理解できます。それがわかったカラスは、火を恐れなくなります。

　逆に、木が燃えている、または、くすぶって奥が赤く光っていることを「おもしろい」と感じ、その様子に興味をおぼえたり、おもちゃ的な魅力を感じて、もって帰りたいと思うカラスもいるのかもしれません。

　江戸時代の随筆にも、「野焼きや山火事で燃え残った竹や木をカラスがくわえて飛んできて、民家の上に落としていくことがある」（『筆のすさび』菅茶山）などの文章が見えることから、燃えくすぶっているものを運ぶようなケースは、以前からあったと考えていいようです。

　電気のない江戸時代はロウソクで灯をとることも多く、寺院などでもよく使われたことから、伏見稲荷のケースのように意図的にロウソクを運んだ（盗んだ）カラスも、おそらく当時からいたのでしょう。だとすれば、「夜、カラスが鳴くと火事が起こる」という言い伝えが、北海道から沖縄の八重山地方まで広く日本中に残っていることにも、十分に納得することができます。

クルミ割り、という文化

　日本のカラスの驚くべき行動として、「自動車にクルミ（オニグルミ）を轢かせて殻を割って食べる」ということがあります。

　1970年代に宮城県の仙台市から始まったカラスの「クルミ割り」は、今や青森県の青森市や八戸市、岩手県の盛岡市、秋田県の仙北市ほか、山形の酒田市でも確認されるなど、東北地方の広

東日本でカラスが自動車にクルミを轢かせている場所

45年前は仙台市のごく限られた場所だけで見られた「クルミ割り」が、現在は広く東日本に拡散しました。ここにプロットした場所以外でも、多くの場所で行われている可能性があります

い範囲に及ぶようになりました。加えて、北海道の函館や室蘭、札幌や小樽でも確認されているほか、関東では東京の吉祥寺(武蔵野市)でも類似の例があるようです。

　クルミ割りに慣れないカラスは、雑に道路に放り投げたり、適当な場所に置いたりします。しかし、やがて効率の悪さに気づくと、自動車のタイヤが通る位置を目で確認して、その位置にクルミを置くようになります。クルミに乗り上げるのが嫌で回避する車があることに気づくと、信号待ちで停車した自動車の前輪の直前にクルミを置いたりするようにもなります。そうすることで、確実に割ってもらえることに気づき、実行したのです。

　40年という時間を経て、「クルミ割り」という行為は、日本のカラスの「食文化」の1つとなって各地に広まり、定着したといえそうです。

　ちなみに自動車を利用してクルミを割っているのはハシボソガ

ラスだけで、ハシブトガラスにこの行動は見られません。両者の食性のちがいや、行動、思考の方向性のちがいが影響しているのではないかと考えられています。

　高度に発達した脳をもつカラスは、いろいろ考えながら試行錯誤して、正しいやり方を導きだすことができる生物です。また、模倣学習に長けていて、だれかがやったことを真似して、それを自分の技にすることもできます。行動を模倣する相手は仲間に限られず、すべり台の遊びの例もあるように、ときに人間の行動からもヒントを得ることがあります。

　最初に自動車にクルミを轢かせて割って食べていたカラスを見て、それが有効であると感じたほかのカラスが真似をしたことで、技が周囲に広がっていったことは容易に想像ができます。道具を使うニューカレドニアのカレドニアガラスが先輩カラスのやり方を見て学習したように、ハシボソガラスも同様に模倣して、技を身につけた可能性は高いでしょう。

　ただ、海を隔てた北海道でも同様の「クルミ割り」が定着した理由は模倣では説明がつきません。技をもったカラスが海を渡って北海道に伝えたとは考えにくいため、仙台で最初にこの「技」を使ってみせたカラスのような個体がその場に出現したことで、北海道でも「クルミ割り」が始まったと考えた方がよさそうです。

行動の原型は落として割る行為?

　東北地方と北海道で、それぞれ独自にカラスが車にクルミを轢かせる技を見つけ出したことは、カラスがもともともっていた習性や行動を考えると、実はそんなに不思議なことではありません。同時並行的に発生したことも、確率的に十分にありえることです。

　以前から（おそらくは相当の昔から）カラスは、東北地方や北海

道の沿岸部などで、堅い殻をもった貝や木の実をくわえて上空高く飛び上がり、岩やコンクリートの上に落として割るという行為を繰り返してきました。

　貝はタンパク質やミネラルなどが詰まったごちそうですが、それなりに強靱なカラスのくちばしといえども、割ったりこじ開けたりするのは、ほとんど不可能です。

　それでも食べたいと願ったカラスが、高いところから落として衝撃を与えれば割れることに気づき、それを実践するようになりました。そうしたカラスが、堅い木の実も同じようして割れることに気づくのは、時間の問題です。地域によっては木の実を落として割る方が先だったかもしれませんが、いずれにしても「落として割る」ことは、カラスにとってはごく自然な行動の1つでした。

　自動車が走る道路が広く整備されてからは、道路上にもクルミや貝などを落とすようになりました。現在もクルミが実る日本の各地で、カラスによる道路への「クルミ落とし」が行われていて、ときにそうしたクルミの衝撃によって走行中にフロントガラスが割れるなどの被害も出ています。

　落として割れたら食べようとしたところに、たまたま自動車がやってきて、轢いて、クルミが割れた――。それにより、カラスが自身で、何度も地面に落とす必要はなくなりました。

　「車を使えば、楽にクルミが割れる」という事実は、当然カラスの脳に刻まれます。「自動車は使える‼」と。おそらくは、それが最初のインスピレーションだったのでしょう。

　食べたいが自力では割れないものをくわえて飛び上がり、高いところから落として割る、という行為は日本だけに限定されるものではなく、アメリカのハイウェイなどでも観察されています。

　そのため、もしかしたら、自動車の通行量がそれなりに多い国

上空から木の実を落とすカラス

カラスはずっと以前から、木の実や貝などを高い空から落として割って食べていました。落とした木の実をたまたま自動車が轢いて割ったのを見たカラスが、自動車による「クルミ割り」を思いついたと推察されています。カラスが木の実などを落とす行為は日本だけでなく、アメリカのハイウェイなどでも確認されています

で、日本のハシボソガラスのように自動車にクルミを轢かせて食べる行為が、いずれ観察されるようになるかもしれません。

東京のカラスは激減

　10～20年ほど前に、群れで盛大にゴミをあさる東京都のカラスが社会問題にもなりましたが、今やそうした被害はほとんど聞かれなくなりました。実は、21世紀に入ってから都内のカラスは激減し、80年代半ばとほぼ同じ数になっています。2000年ごろ、カラスは東京都内におよそ2万羽もいましたが、2016年末はおよそ5千羽で、ピーク時の4分の1ほどになりました。

　ゴミの出し方が改善されたこともももちろんありますが、オオタカやノスリなどが市街地に進出するようになり、捕食されるカラスが増えたことも、カラスの減少に影響したのではないかと、専門家は考えています。

3 ライチョウ　取り残された氷河期の遺児

▶▶▶ キジ目キジ科ライチョウ属

　日本のライチョウは、1万年前に終了した最後の氷河期が残した「遺児」のような存在です。寒冷な環境でないと生命が維持できない鳥であることから、温暖化の影響が強く懸念されています。

寒冷な気候でないと暮らせない鳥

　同じキジ目のキジやウズラの仲間が、熱帯から温帯に分布するのとは対照的に、寒冷な気候に適応したライチョウ類は、ユーラシア、北アメリカのツンドラ地帯の平原がおもな生活の場で、一部が標高の高い山岳地帯で暮らしています。なかでもライチョウは、ライチョウ類の中でもっとも寒冷な地に適応した種です。

　日本には、ライチョウ属のライチョウ（亜種ニホンライチョウ）と、エゾライチョウ属のエゾライチョウが棲みます。日本がライチョウが生きる南限となっていますが、ライチョウにとって日本の低地は暑すぎるため、暮らせるのは気温が低い本州の2500メートル以上の高山のみ。一方のエゾライチョウは名前のとおり北海道の鳥で、こちらは高地だけでなく平地にも暮らしています。

　ユーラシアの大陸部に暮らすライチョウとエゾライチョウは、生息域が一部で重なりつつも、ライチョウが北極海に近い北部に、エゾライチョウは、それ以南に分かれて生活しています。

ライチョウは氷河期に日本へ

　およそ7万年前〜1万年前に氷河期の最後の氷期があり、両極から拡がった氷床が広い地域を覆っていました。日本にライチョ

ウがやってきたのはその最中、およそ2万年前と考えられています。

江戸時代のライチョウの絵

ここに掲載したライチョウの絵は、旗本の毛利梅園（1791〜1851）が江戸時代に描いた図譜『梅園禽譜』に掲載されたもの。よく観察され、特徴を捉えて描かれています。鳥類図鑑に相当する、19世紀の日本の書物にライチョウが描かれていたことは、とても興味深く感じられます。当時、高地で捕獲されたライチョウは江戸へと運ばれましたが、気候が合わなかったこともあり、移動中または到着後にすべて死んでしまったといいます。絵は国立国会図書館収蔵

ただし、生息域が拡がって日本に来たというよりも、北極海に近いエリアが完全に氷に閉ざされて生活できる環境ではなくなったことから、やむなく南に移動してきた、というイメージです。

　ライチョウの体は長距離飛行に適していません。それにもかかわらず、日本のライチョウの亜種にあたるライチョウが北アメリカ北部にも分布しています。

　寒冷化が進んだ時代、現在のベーリング海峡が陸地となってアジアと北アメリカが結ばれていました。人類がこれ幸いとベーリング陸橋を徒歩で移動してアメリカ大陸に渡ったように、アジアの北極圏に暮らしていたライチョウも、歩いて陸橋を渡り、新大陸に新たな住処を求めたと考えられています。

　その後、地球がふたたび間氷期に入り、気候が温暖になっていくにつれて、南に来ていたライチョウはそのほとんどが北へと再移動しました。その際、物理的に移動ができなかったグループと、自発的に南に留まったグループが高山地帯に残りました。

　日本の南北アルプスやヨーロッパのピレネー山脈、アルプス山脈で見られるライチョウは、こうして取り残された鳥の子孫です。

今後の敵は、温暖化による気温上昇

　山岳信仰のあった日本では、古代からライチョウは神の使いの鳥と信じられていました。江戸時代になってその神秘性が薄れても、無闇に殺されるようなことはありませんでしたが、明治期に狩猟の対象となったことで、大きくその数を減らしてしまいます。

　その後、保護の対象とされ、天然記念物にもなりましたが、20世紀以降、人類の活動によってとんでもないペースで地球の温暖化が進んだために、日本を含む高山に棲むライチョウは生活できる環境を徐々に失い、絶滅の危機に陥っています。

将来的に温暖化対策が成功して温暖化が止まったとしても、それまでに日本近郊の気温は、少なくとも数度は上がります。また、上がった気温は簡単には下がりません。

 残念なことですが、今後の気温の上昇やそれに伴う植物相の変化、ほかの動物の高地への進出など、総合的に状況を判断すると、どんな保全の努力をしても、日本のライチョウが絶滅する確率はきわめて高いというしかありません。2015年には、活動域を高地に拡げたニホンザルにライチョウの若鳥が捕食されている写真も公開されています。

 本気で種を維持しようと思ったなら、ライチョウの生息数が十分なうちに、意図的な移入種として、北海道の山地ほか、他地域への移住を認めるなど、常識に囚われない判断と覚悟が必要になると考えています。

ライチョウ

ライチョウはけっして大きな鳥ではなく、ドバトやキジバトよりもわずかに大きなサイズの鳥です。そのヒナも小型のニワトリであるチャボのヒナと近いサイズです

DATA　キジ目ライチョウ科と記されることもあります。ユーラシア北部と北アメリカ北部に分布。日本にいる亜種ニホンライチョウは、2005年時点で、およそ3000羽の生息が確認されています。

4 ハヤブサ、チョウゲンボウ
スズメ、インコの親戚に!?

▶▶▶ ハヤブサ目ハヤブサ科

　鳥の科や目の分類は、かつては姿や生態などをもとに決められていました。しかし、DNAの解析技術が大きく進んだ結果、近縁関係や種の分岐時期などもかなり正確にわかるようになり、そこからより正確な鳥の分類も可能になってきました。

より正しい分類へ

　ほんの20年ほど前まで、よく似た姿で習性も似ている鳥の分類については、経験を積んだ専門家の判断を信じるしか方法はありませんでした。

　しかし、近年、DNAやその上にある遺伝子の解析技術が進み、解析の速度も格段に向上した結果、種と種の近さや、ある種とある種がいつごろ分岐したのかという情報も、より正確に示すことができるようになりました。その結果、分類の曖昧さが減り、だれもが納得できる分類に、大きく一歩近づくことができました。

　ペンギン目とミズナギドリ目が近いことがあらためて確認されると、「やはり」という声があがりました。ハチドリを含むアマツバメ目と、ハチドリなどとは共通点が見つけにくいヨタカ目が近い関係であることは、驚きをもって迎えられました。

　鳥類学的にもっとも驚かされたのが、ハヤブサやチョウゲンボウがタカ目の鳥ではなかったという事実です。

　かつてタカ目に分類されていたハヤブサやチョウゲンボウは、タカ目からは遠く、インコ目やスズメ目に近いことがわかり、最新の分類では独立した目になりました。

第3章 身近な鳥も秘密を隠す

　下に向かって鉤状に曲がったくちばし、両眼視に適した正面を向いた両眼、獲物の肉に食い込む鋭い爪、オスよりメスの方が大きい体躯(たいく)。猛禽類を確信させていたハヤブサ類の特徴は、行動や習性が近いことから起こった進化の収斂(しゅうれん)の結果でした。

ハヤブサ

上空から獲物を探し、急降下して捕えます。時速300キロメートルを超える降下速度は、鳥類最速です。おもにハトなどの鳥を捕えて食べます

DATA　留鳥。海岸や川沿いの崖に巣をつくります。最近では都市への進出も進み、高層ビルの窓下のスペースなどに営巣する例も増えてきています。

インコやスズメに近かったハヤブサ

鳥類の最新分類では、ハヤブサ目が新設されて、インコ目、スズメ目の近くに置かれました。ハヤブサ類がタカ目でないことがはっきりしたのは衝撃でした。次ページ参照

現生鳥類の最新分類

第3章 身近な鳥も秘密を隠す

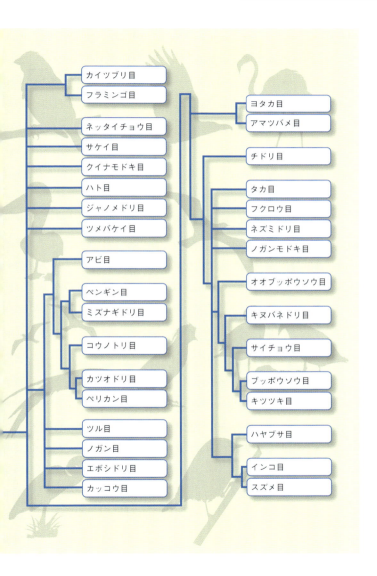

5 ウズラ　季節ごとに国内を渡る

▶▶▶ キジ目キジ科ウズラ属

　国内に棲むキジ目最小の鳥。驚くと垂直に飛び上がる性質があり、季節ごとに国内を移動します。野山での発見例が激減し、野生種の絶滅が危惧されています。

かつて多くの愛好家がいた鳥

　江戸時代、ウズラはウグイスと人気を二分するほど人々に好まれ、愛された鳥でした。比較的簡単に捕えられたり、購入したりできたことから、身分を越えて多くの人が飼育していました。

　ウズラは日本人が唯一、家禽化した鳥ですが、当時は肉や卵を食べるというより、どちらかといえば飼育を楽しむための家禽化だったようです。江戸時代の初期にはウズラを飼うための、ウズラの専門飼育書もつくられていました。

　また、飼育者からのニーズを受けて、ウズラ専門の鳥籠もつくられていました。江戸時代に使われたウズラ専門の籠（ウズラ籠）は、縦に長く、上部は木や竹ではなく網が張られていました。硬い天板の籠では、なにかに驚いて飛び上がったウズラが頭を強打して、頭蓋骨や頸椎を骨折して死んでしまうおそれがあったためです。海を越えて渡りをするほど強力な野生のウズラの翼には、とても高い飛翔力がありました。

　ウズラ人気を受けるかたちで、江戸時代には海外産の珍しいウズラも輸入され、大名や豪商によって飼育されていました。ヌマウズラやヒメウズラが輸入されたほか、ツル目のミフウズラも日本に運ばれました。本来、ウズラの仲間ではないミフウズラに「ウ

ズラ」の名前がついているのは、この時代の名残りです。

ウズラ

体に似合わず声が大きいため、集合住宅での飼育は注意が必要です

DATA 100年ほど前までは日本の各地で見られた鳥でしたが、野生種は数が激減しています。夏鳥として本州中部以北で繁殖し、冬は西南日本で越冬します。

梅園禽譜に描かれたウズラ

旗本、毛利梅園がみずから描いた図譜『梅園禽譜』より。ウズラは鳴禽ではないため、さえずりの学習はできません。しかし、江戸時代はよい声で鳴く血統のウズラがいて、そうしたウズラを使った鳴き合わせの会も開かれていました。残念ながら声のよいウズラの血統は、幕末から明治時代に途絶えてしまいました。絵は国立国会図書館収蔵

6 オシドリ　オシドリのヒナは飛び降りて弾む

▶ ▶ ▶ カモ目カモ科オシドリ属

　カモ類の多くが冬鳥として日本に渡ってくるのに対し、オシドリは1年を通して日本で暮らし、日本で繁殖します。水辺で暮らす鳥ではあるものの、水草よりも草の種子やドングリを好み、木の枝にも楽々止まります。さらには、森や林の樹洞で抱卵し、ヒナを孵します。一般に、「森林性のカモ」と認識されています。

樹上に適応

　オシドリのオスには派手なイチョウ羽と冠羽があり、ほかのカモ類とは少し異なる風貌のため、見分けがつきにくいカモ類の中にあって、認識しやすい鳥の代表となっています。

　そんなオシドリには、ほかのカモ類にはない特徴がさらにいくつかあります。水掻きのある鳥としては例外的にやわらかい足の指もその1つ。しっかりグリップできるので、ほかの水鳥には止まることが難しい木の枝にも安定して止まることができます。それは、森や林での暮らしに適応した証でもあります。

　オシドリのつがいは交尾後に離別して、メスのみが抱卵に入りますが、その際、メスが選ぶのが、肉食の哺乳類などから狙われにくい、森や林の中の樹の、地上から高い場所に空いた穴、樹洞。カモ類としては例外的に、樹上に巣をつくります。

　やがて卵が孵ると、ヒナに最初の試練が訪れます。体長の何十倍もある高さの巣から、地上に飛び降りなくてはいけないのです。母親は先に地上に降りて、ヒナに飛び降りることを要求します。

　ヒナは少し恐怖を感じてためらいますが、やがて覚悟を決め、

順番に飛び降りてきます。柔軟性の高いヒナの体はスーパーボールのように弾みますが、軽くやわらかい自身の体とふかふかの羽毛のおかげで、怪我をすることはありません。やがて揃って母親について、水辺へと歩いていきます。

オシドリ

オスの派手な色合いの羽毛と、大きな橙色のイチョウ形の羽毛が目立つ鳥です。イチョウ形の羽毛は、腕のつけ根に近い三列風切羽のいちばん内側の羽が変化したものです

DATA 留鳥。北海道では夏鳥。沖縄では冬鳥。東日本から北日本で繁殖し、気温が下がる時期に国内を南に移動します。水辺に近い森や林で子育てをします。

高い木から飛び降りて弾むオシドリのヒナ

地上数メートルの場所につくった巣の中で、メスは1羽で抱卵してヒナを孵します。すべての卵が孵化すると、母親は地上に降り立ち、ヒナに向かって地上にくるように呼びかけます。まだ綿羽しかないヒナは当然、飛べませんが、それでも覚悟を決めて樹上の巣から飛び降りてきます

7 オナガ　従姉妹はイベリア半島住まい

▶ ▶ ▶ スズメ目カラス科オナガ属

　ゲー、というあまり美麗とはいえない声で鳴きますが、細身で、頭部には黒いベレー帽のような羽毛があり、名前の由来にもなった体長の半分を占める長い水色の尾をもったオナガは、見目の美しい鳥であると断言できます。その青は、水色というより「空色」と呼びたい、やわらかな青です。

　オナガはときおり関東以西に進出しかかるものの、いつのまにかその痕跡が消えてしまうなど、西日本には定着せず、ほとんど見ることのない鳥です。一時は九州でも目撃情報がありましたが、現在はまったく聞かれなくなりました。九州ではカササギと生活圏がぶつかって、生きにくいのではないかという声も聞きます。

　関東に比べると東北や北海道には少ないこともあって、江戸時代には「関東尾長」とも呼ばれていました。こうした事実を考えると、分布の傾向は、ここ数百年、あまり変わっていないのかもしれません。

　そんなオナガがもつ最大の謎は、分布領域が日本を含む東アジアとイベリア半島（ポルトガルおよびスペイン）という、ユーラシアの東と西の端に分断されていることでしょう。同種、亜種がここまで離れて生活している例は、聞いたことがありません。

　ただし、見た目はよく似ているものの、日本などアジアで見られるオナガは尾羽の先端部分が白いのに対し、イベリア半島の亜種は先端まで水色が続いています。また、イベリア半島産のオナガの方が、青みがやや強いようにも見えます。

　イベリア半島のオナガは、江戸時代の初期に日本人の使節団がヨーロッパに向かった際に運び込んだものではないかとする説も

過去にありましたが、現在それは完全に否定されています。

　分析すると、日本のオナガとイベリア半島のオナガのあいだには、遺伝子的に数万年の隔たりがあるようで、最後の氷河期の際、ほかの鳥の移動などに伴ってユーラシアの東西に分断されてしまったのではないかという説が有力です。

オナガの分布

広い世界の中、ユーラシアの東と西の端にのみ生息しています

オナガ

賢いはずのカラス科の鳥にもかかわらず、カッコウの托卵先の1つになっています。この原稿を書いている筆者の机からも、季節によって、外を舞うオナガの声が聞こえてきます

DATA　留鳥。関東を中心に東日本に分布。平地から山地の林に生息するほか、都市部の公園や住宅地の庭などでも見かけます。

8 キツツキ　脳震盪は起こしません！

▶▶▶ キツツキ目キツツキ科

　キツツキの多くは、豊かに繁った森の中で暮らしています。そして、その名のとおり、木を突つきます。「木を突つく」という行動のなかに、キツツキ特有の興味深い秘密が隠されています。

常識を超えた体の性能、特性

　キツツキは穴を開けて中にいる昆虫の幼虫を食べたり、巣穴として使う穴を掘るために木を突つきます。繁殖期には、1秒間に15回〜20回という速度でくちばしを木に打ちつけて、タラララ……という音を響かせることがあります。「ドラミング」と呼ばれる行為で、これがキツツキのナワバリ主張です。

　多くのことに利用されるくちばしは、キツツキにとっての生活の要。興味深いことに、長時間にわたって強く打ちつけて樹壁に巣穴を掘っても、高速ドラミングをしても、キツツキは脳震盪(のうしんとう)を起こしたり、気持ち悪くなったりしません。

　脳が頭蓋骨の内側にすっぽりおさまっていて、中で揺れ動くことがほとんどないのが、脳震盪を起こさない第1の理由です。また、頭蓋骨に巻きつくように存在する舌の筋肉も、ショックを和らげるアブゾーバーとして機能していると考えられています。もちろんほかの鳥よりも強靭な首の筋肉が頭部を支え、振動を吸収したり、外に逃がしたりしていることは、いうまでもありません。

　キツツキは木の穴の奥にいる虫を捕る際、長い舌を差し入れて、ギザギザになった舌先に引っかけるようにして、引きずり出して食べます。実はキツツキの舌の「つけ根」は、くちばし上部の内部

から始まっています。そこから頭蓋骨に沿うようにひたいを通り、後頭部を通ってのどの奥からくちばしの中へと続いています。舌はふだんは頭骨の後方下部でゆるんだ状態にあり、食餌の際にすっと伸びる。そんなかんじです。

　木を突つくためには、幹にしっかり留まる必要があります。足指の鋭い爪は、キツツキの体を支えるだけの強靱さをもちますが、さらに安定度を上げるために、羽軸の硬い尾羽を使って、3点で体を支えています。両足と、押しつけられた尾羽の先が木の幹に強く接して体重を支えることで、体を支える足の負担が少なくなると同時に、この体勢によって、木を突つく衝撃も上手く逃がせるようになっているようです。

アカゲラ

代表的な日本のキツツキ。腹部後方下部の赤い羽毛が特徴的です。オスは後頭部にも赤い羽毛をもちます

DATA　北海道、本州に棲む留鳥。以下のように、キツツキ類はすべて「〜ゲラ」の名をもちます。キツツキという名称の鳥はいません。

キツツキの舌の構造

キツツキの舌は見かけ以上に長く、頭蓋骨を周回する構造になっています。こうした構造が、脳の振動を弱める役目も担っていると考えられています

身近なキツツキの種類

日本に棲む キツツキ	アカゲラ、オオアカゲラ、コアカゲラ、アオゲラ、ヤマゲラ、クマゲラ、ノグチゲラ、ミユビゲラ、アリスイ

9 インコ 100年後には日本の鳥に?

▶▶▶ インコ目インコ科ホンセイインコ属

　東京や神奈川では、飛翔する緑色のインコの姿を見たり、その声を聞いたりすることが日常の一部となった感があります。首都圏の空を舞っているのは、南アジアから東南アジアの陸部に分布するホンセイインコの亜種であるワカケホンセイインコ。もともとは、インド南部からスリランカにかけて分布する鳥でした。

半世紀以上前から日本で繁殖

　東京で、飛翔するワカケホンセイインコが見られるようになったのは、1965〜69年ころのこと。最近になって初めて見たという報告もときおり聞かれますが、彼らはもう半世紀も首都圏の野鳥と空間を分け合って暮らしてきました。

　鳥の飼育がブームとなっていた昭和30年代にペットとして輸入されたものの、飼われている家から逃げ出したり、気の強さや、くちばしの破壊力の強さなどから飼いきれなくなって捨てられたものが集まって群れをつくり、繁殖するようになったのが日本定着の始まりです。

　現在は、東京の大田区から世田谷にかけてのエリアから、神奈川や埼玉に至る関東圏のほか、大阪や名古屋、新潟などにも分布を拡げているという報告があります。

　日本よりも暑い国に棲む鳥だったにもかかわらず、日本に完全に定着できたのは、いわゆる小鳥よりもかなり大きな、全長が40センチメートルもある中型サイズの鳥だったこと。また、木に穴を開けられるほどの強力なくちばしをもった鳥であり、インコ類

ワカケホンセイインコ

南インドからスリランカにかけて分布するホンセイインコの亜種。ダルマインコにも近い種で、月の輪インコとも呼ばれます。定着から半世紀。すっかり日本の鳥になりました

の例に漏れず発達した脳をもっていたことなどから、カラスなどと上手く渡り合っていけたことも大きいと考えられています。ケンカになっても引かない強い気性をもつことから、カラスなどにすれば、「やっかいな相手」という認識なのかもしれません。

原産地ではもともと、市街地に近い場所から準砂漠の乾燥地帯、明るい林、千メートルを超える高地にまで分布していたといいます。それだけの適応力があれば、日本の環境に適応するのも、それほど難しいことではなかったのかもしれません。

江戸時代に輸入され定着したシラコバトが200年〜300年の時を経て、現在は日本の鳥として認められている例もあることから、たとえば22世紀から23世紀には、ワカケホンセイインコも日本の鳥として認められるようになるのではないかと予想されます。

COLUMN 05

ヨタカは爪の櫛(くし)でヒゲを梳かす？

　昼間はじっと休み、夜に活動する鳥の代表格。ヨタカという名前も、その性質が由来です。木の枝に擬態して眠っている日中のヨタカの姿には、目立ちたくないという思いが凝縮されているような印象も受けます。なお、一見小さく見えるヨタカのくちばしは横に広く、正面から見ると顔全体に広がっています。そのため、口を開けたヨタカの表情はユニークで、微笑ましくも感じられます。

　ヨタカは、その足にも奇妙な特徴をもちます。いちばん長い足指の爪の内側が櫛状になっているのです。一般に「櫛爪(くしづめ)」と呼ばれるもので、アリスイやサギ類なども同様の爪をもちます。羽繕いに使うのでは、という意見もありますが、その用途は謎のまま。ヨダカに関しては、くちばしの上部などから生えている豊かなヒゲの手入れに使っているのかもしれないという指摘もあります。鳥のイメージ的には、こちらの方が可能性が高そうです。

ヨタカ

櫛爪

日中は樹の枝の上で眠っていることが多く、樹皮にも似た羽毛が擬態効果を発揮します。右図は櫛爪の形状のイメージ

DATA 夏鳥として九州以北に飛来。日本で繁殖しますが、飛来数はあまり多くありません。

第4章

体の特殊な部分、特別な能力

1 鳥は難聴にならない、鳥の耳は老化しない

　イヌの耳は50000ヘルツ、ネコでは65000ヘルツくらいの、いわゆる"超音波"まで聞き取る能力をもちます。しかし、「耳がいい」と思われている鳥類の聞き取り能力は、人間の耳に近いか、それよりもやや劣るレベルです。実は、平均的な鳥の耳は10000〜15000ヘルツくらいまでしか聞こえていません。イヌやネコが敏感に反応する、20000〜30000ヘルツの高周波の音は、耳の構造上、鳥にはまったく聞こえていないのです。

　また、可聴域の音でも、ごく小さい音は鳥の耳には聞き取りにくく、「小さな音を聞く」という能力においても、人間の耳の能力に届いていないことがわかっています。

鳥の耳は劣化しない

　ただし、鳥の高音域の聴力が人間に劣るのは、「人間が若い」という条件のもとでの話。人間の耳は、歳をとるにつれて劣化して、可聴域が狭くなります。若い時期は20〜20000ヘルツの可聴域をもちますが、20代の後半くらいから、徐々に高音域が聞こえなくなってきます。15000〜20000ヘルツの音が聞こえるのは、人生の前半、それもかなり若い時期に限定されるということです。

　かつて、若者が集まって騒いでいた公園で、「モスキート音」とも呼ばれる20代前半の若者までしか聞こえない音（17000ヘルツ前後）を流して、そこに長時間集まることを阻止しようという計画が立てられたこともありましたが、それも若い年代の耳の特性から考えられた苦渋のアイデアでした。

第4章 体の特殊な部分、特別な能力

　人間の耳も鳥の耳も、基本的には同じ構造をしています。外耳から入った音は鼓膜に拾われ、耳小骨／耳小柱で増幅されて内耳の蝸牛管に送られます。蝸牛管に届いた音を電気信号に変えて脳へと送る「センサー」が、「有毛細胞」です。

　人間の場合、有毛細胞は、完全に壊れると二度と再生しません。大きな音が空間を満たす職場や、コンサート会場などに長時間滞在するような生活をしていると、当然のように有毛細胞は壊れていきます。常に音量を上げてヘッドホンで音楽を聴いている場合も同様です。そうした環境にいなくても、有毛細胞は加齢とともに自然に壊れ、機能が下がってきます。一定年齢以降、聞こえる音の上限がじわじわ下がってくるのは、このためです。

　一方、鳥の蝸牛管にある有毛細胞は劣化しません。たとえ壊れても、また再生するため、死ぬまで同じ可聴範囲を維持します。

耳のつくり：人間の例

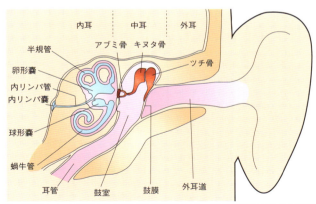

広い音域をカバーするには長さを確保する必要があるため、哺乳類の蝸牛管は渦を巻くような形になっています。「蝸牛管」という名称は、カタツムリ（＝蝸牛）にも似た、こうした形状からつけられたものです。一方、内耳のスペースが小さく、哺乳類に比べて可聴範囲が狭い鳥では、形状はもっと単純です。なお、哺乳類では鼓膜で受けた振動を増幅させて内耳に伝える耳小骨が3個の骨で構成されているのに対し、鳥では耳小柱という1つの骨にまとめられています

三半規管は三次元の生物である証

「三半規管」という名称をよく耳にしますが、実はそれは、三半規管というまとまった組織ではありません。「半規管」というループ状の器官が縦・横・高さ方向に——数学的に表現するなら、X軸、Y軸、Z軸の3方向にそれぞれ存在していることから、その3つを束ねて「三半規管」と呼んでいます。

半規管の中はリンパ液で満たされていて、体がある方向に傾くと、方向に準じた半規管の中でリンパ液が流れて移動します。半規管の中央部には有毛細胞が束ねられた頂体(クプラ)と呼ばれる敏感な感覚器があり、リンパ液の流れに沿って、"そよぐ"ように傾きます。その状況を有毛細胞が脳へと伝えることで、脳は体の傾きを知ります。

空を飛ぶ鳥にとって、三半規管は文字どおり体を支える要。鳥は、飛行中はもちろん、歩行中も常に、重力の方向と体の傾きをとても敏感に感じ取りながら生きています。

体が傾いたときの半規管の内部の様子

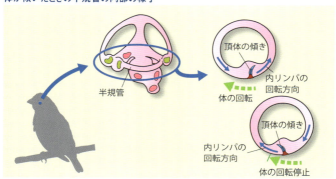

体が傾く(回転する)と、半規管の中でリンパ液が流れ、回転が止まるともとに戻ろうとします。三半規管が弱い鳥は、人間の交通機関に乗せられたときに酔うことがあります。図は、『図解 感覚器の進化』(ブルーバックス/岩堀修明著)のイラストを参考に作成

COLUMN 06

実はいろいろある鳥の耳の秘密

1. 鳥は気圧を察知する

　低気圧が近づいて具合が悪くなる鳥は基本的にいませんが、気圧の変化に敏感な鳥は多いようです。たとえばハトでは、5メートル、10メートルというわずかな高度差による気圧のちがいも感じ取ることができるといいます。当然、自身がいる場所で気圧が上がったり下がったりするのも、感覚的に理解します。

　鳥の気圧センサーは、中耳内の「異型鼓膜器官」と呼ばれる小さな器官にあると考えられています。「雨が降りそうなときにキジバトが鳴く」とよくいわれますが、彼らは本当に、低気圧が近づいてきたことを察して鳴いていると考えられます。

2. コウモリのように「エコロケーション」する鳥もいる

　東南アジアのアナツバメ類や、南米ペルーなどに棲むヨタカ目のアブラヨタカは、鍾乳洞などの洞窟で暮らしています。これらの鳥は、真っ暗な洞窟を生活空間に選んだことで、コウモリなどと同じような音響定位「エコロケーション」をする能力を身につけました。ただし、先にも解説したように、鳥は高い周波数の音を聞き取ることができません。

　そのため、自身の可聴域の上限近くの音（アナツバメで2000～10000ヘルツ、アブラヨタカで1000～15000ヘルツ）をクリック音として発して、その音をたよりに周囲探知をします。

　しかし、超音波に比べて波長が長いこの音域の音では、細かいところまで知ることができず、その精度（分解能）はコウモリのわずか10分の1程度です。

2 鳥は基本的に高血圧

　キリンは人間に比べて高い血圧をもっています。長い首の先にある頭部までしっかり血液を送り届けるために、キリンの心臓は強く収縮して、高い血圧で血液を循環させる必要があるためです。

　キリンの収縮期圧／拡張期圧（いわゆる最高血圧／最低血圧）は、260/160mmHgほど。人間やイヌが120/70mmHgほどですから、人間基準で見れば、相当な高血圧ということになります。

　体が大きく首も長いキリンが必然的に高血圧になるとしたら、体の小さな鳥は、人間以下の血圧であるように予想してしまいますが、実際には、鳥類の多くが人間よりもはるかに高い血圧をもちます。人間やイヌ、ネコなどと比べると、多くの鳥類が1.3倍から1.5倍ほど高いと考えてください。

　たとえばニワトリの血圧は、収縮期が175mmHg、拡張期で145mmHgほどあります。声がきれいなカナリアは、小さな体にもかかわらず、220/150mmHg。人間ならば、完全な高血圧です。

カナリア
アフリカ、ヨーロッパの西方に浮かぶ島が原産。日本でも江戸時代から多くの愛好家がいて、盛んに品種改良が行われました。小柄なわりに血圧が高いことに驚きます　写真提供：iStock.com/ene

ちなみにこれは安静時の数値であり、危険を感じて急に飛翔したときや、敵に追われているときなど、人間の場合と同様に大きく数値が跳ね上がることは、いうまでもありません。

食生活や生活習慣が血圧を変動させる

炭水化物や脂肪分の多い食事を続け、さらに十分な運動をしていないと、太り、血中コレステロールが付着するなどして血管も老化していきます。それは人間だけに限ったことではなく、むしろ鳥の方が人間に比べて太りやすく、高脂血症や、さらなる高血圧になりやすいことがわかっています。

たとえばシチメンチョウは、ノーマルな状態で250/170mmHgほどの血圧ですが、食用にするために急いで太らせた個体では、最高血圧が300〜400mmHgという、ありえない数値にまで上昇することがあります。当然のように、突然死する個体も増えてきます。

シチメンチョウ

食肉用に飼育されているシチメンチョウは、速く成長させるために高カロリーな食餌を与えられることが多く、そうした鳥では、最高血圧が300mmHgを超えることも少なくありません

写真提供：iStock.com/gsermek

COLUMN 07

鳥にもメタボリック・シンドロームがある

　飼育されている鳥の血液は、比較的簡単に、高脂血症、高コレステロール血症となり、人間でいうところの「ドロドロ血液」になります。原因は過食です。

　以下に総コレステロールと中性脂肪の比較データ（鳥は、例としてオカメインコ）を掲載しました。ここから、正常値の上限が鳥の方が高いことがわかります。

　高脂血症、高コレステロール血症の鳥は、人間からすれば比較的短期間で、脂肪肝、肝硬変、動脈硬化、肺高血圧症などを起こす可能性があります。見た目はあまり太っているように見えなくても、脂肪を溜め込んでいるケースはあり、「ついさっきまで元気だったのに……」と飼い主を泣かせる突然死の大きな原因になっています。飼育されている鳥では、肥満は本当に大敵です。

血液の数値の比較：人間と鳥（オカメインコ）		
	人間	鳥（オカメインコ）
総コレステロール（T-chol）	120〜220mg/dl	90〜250mg/dl
中性脂肪（TG）	50〜149mg/dl	45〜200mg/dl
赤血球数	男性410〜530万個/μL 女性380〜480万個/μL	310〜440万個/μL

＊赤血球数は参考数値として添付

3 同サイズの哺乳類の数倍の寿命

　動物が一生のうちに打つ心拍数は一定で、心拍数が多い動物ほど早く寿命を迎えるという説があります。哺乳類ではおおむね正しいようで、80〜100年の寿命をもつゾウの心拍数は1分間に約30回。一方、1分間に600回も心拍があるハツカネズミは、わずか2〜3年の寿命しかありません。

　しかし鳥類は、哺乳類と同じ二心房二心室の心臓でありながら、心臓の鼓動数は哺乳類の数倍にものぼります。小鳥類では、1分間に300回以上の心拍数をもつものも少なくありません。それでも、十数年から、種によっては30年を超える寿命をもちます。

　品種が多いニワトリでは、1分間に200〜400回という心拍の数値も示されています。北アメリカ東部で唯一のハチドリであり、この地で繁殖もするノドアカハチドリは、安静時で250回程度の心拍数が、飛翔時には1分間に1200回を超えることもあります。しかもノドアカハチドリは、冬場はメキシコ方面に渡るという長距離移動さえします。その際、心臓にどれだけの負担がかかっているのか、想像もできません。

　それでも、ハチドリ類の多くは10年を超える寿命をもち、飼育下では15年以上生きた記録もあります。ここからも、哺乳類の寿命の基準は鳥類にはまったく当てはまらないことがわかります。

　日本人にとって身近な鳥であるタンチョウも、飼育下で50〜80年生きることが確認されています。大型のインコやオウムは50年以上の寿命をもつものも少なくなく、南米に暮らすコンゴウインコの仲間は、個体によっては100年を超える寿命をもっています。

4　鳥は飲み込むときに味を感じている

　味覚はもともと、食生活を豊かにするためのものではなく、口にした「もの」が食べられるかどうかを判定するために発達しました。また、味と匂いは密接に関係することから、匂いと連動するかたちで、情報が脳へと伝えられるようになっています。

　味覚は「味蕾」という感覚器で感じ取っていますが、鳥は哺乳類に比べて味蕾の数が少ない傾向が顕著です。また、味覚の五味のうち、鳥種によっては感じることができない味もあるようです。

　鳥が味蕾をあまり多くもたない理由としては、視覚を中心に生きる鳥は、食べられるものかどうかを目で判断する傾向があること、常に身の危険を感じながら生きているため、日常的に食べ物の味をゆっくり味わう「ゆとり」がないことがまず挙げられます。

　また、鳥は基本的に、口の中で噛み砕くこと（＝咀嚼）をしません。食べ物の味の成分は、咀嚼することで口腔内に広がり、味覚センサーである味蕾に入って「味」として認識されます。丸飲みか、皮を剝いて飲み込むことが食事の中心である鳥にとって、味わうことは、生活とは強く結びついていないと考えていいようです。

鳥固有の問題も

　鳥の口腔内に味蕾が少ない理由として、その口の構造を指摘する声もあります。鳥の口は進化の過程で歯を失い、くちばしへと変化しました。それが咀嚼できなくなった理由ですが、くちばしは固いケラチンでできているため、完全にぴったりと閉じるこ

とができません。やわらかいくちびるをもつような動物なら、そこをきつく閉じることで口の中を密閉できますが、それは鳥には不可能なため、舌先などを湿った状態に維持できないのです。

　味蕾は、液体に溶けた状態の味の分子を取り込んでその味を知る器官なので、乾きがちな鳥の舌先にはなかなか存在できません。実際、鳥の味蕾は、口の奥側、咽頭や喉頭を中心に分布しています。ここに味蕾があることで、飲み込んだ際に味を感じられるしくみになっています。

　ちなみに鳥の中で味蕾の数が多いのはオウムやインコの仲間で、ニワトリやハトの10倍以上の数をもちます。飼育しているインコやオウムの食事の様子を見ると、鳥ごとにはっきりとした食べ物の好き嫌いがあり、同じ種子でも産地がちがうと食べる速度が変わってくるなどします。そうしたことも、味や食感のちがいを感じているからこそ生まれた「差」なのでしょう。

種子を食べるオカメインコ

鳥は、顎のスペースを通り、食道を通るものなら飲み込むことができます。種子食の鳥も、皮を剥いてただ飲み込むだけです。噛み砕く役割、すりつぶす役割は消化管の中の筋胃と呼ばれる専門の器官に任せ、とにかく飲み込むことで、食事の時間を減らす努力をします

5　さえずりの要、息を止められる能力

　健康診断などで胸部のレントゲン撮影をするとき、肺を膨らませた状態で息を止めることが求められます。簡単にできることと私たちは思いがちですが、陸上に棲む哺乳類で、このようにして「息を止められる」のは、私たち人間以外に存在しません。

　クジラの仲間など、海で暮らす動物では、海中に潜って息を止めることも日常のうちですが、陸上で暮らすふつうの哺乳類には、息を止めるような生活上の"必然"がなかったため、その能力は発達しませんでした。

　人間がいつから息を止められるようになったのか、まだよくわかっていませんが、チンパンジーにもその能力がないことから、進化して両者が分岐したあとであるのはまちがいないようです。

　さまざまな状況から、人間が息を止めたり、喉を通る流量を自身の意思でコントロールできるようになったのは、言語や歌の獲得と密接に関わっていたと推測されます。こうしたコントロール能力がなければ、言葉を話すのも、歌をうたうことも不可能だからです。獲得した言語や歌の発達、能力の向上とともに、人間の呼吸コントロール能力も大きく進歩したと考えることができます。

鳥類は自然に呼吸をコントロール

　一方の鳥ですが、さえずる鳥である鳴禽類やしゃべるインコなどは、日常的に息を止めたり、気管支を通る息の流量をコントロールしています。彼らにとってそれは造作もないことです。

　息を止めたり、自在にコントロールする能力こそ、さえずる鳥、

話す鳥がもつ最大の秘密の1つ。発声器官である鳴管や、気道となる気管をコントロールする周囲の筋肉、舌の筋肉とともに、呼吸に関わる気嚢を動かす筋肉を自在に操ることで、鳥は、オクターブが変化する美麗なさえずりも、長いトーンも、人間そっくりな声も、つくりあげることができます。

　外から鳥のさえずりが聞こえてきたとき、「この鳥は今、自分の意思で息をコントロールしているんだ」と思ってみると、鳥のすごさが少し強く、肌で感じられるようになるかもしれません。

　もちろん、ペンギンなど潜水能力のある鳥も、当然のこととして、水中で意図的に息を止めています。ペンギン類の潜水能力は小型種でも100メートルを超えますが、現在知られている潜水の最深記録はコウテイペンギンがつくった564メートルで、その際、20分以上も息を止めていたことがわかっています。

メジロ

メジロもまた身近な鳥の一種。都市部でも、庭の樹木などで小さな群れを見ることがあります。目のまわりにある白いアイリングが名前の由来です　　　　　　　　　　　写真提供：神吉晃子氏

DATA　留鳥、あるいは国内を移動する漂鳥として、広く日本に分布。甘い花蜜や果実が大好きで、春や秋には花弁にくちばしを差し入れたり、果実をついばむ姿を見ます。

6 鳥は眠りをコントロールする

　鳥の眠りについては、よくわかっていないことがまだまだたくさんあります。わかっているのは、哺乳類と同じようにレム睡眠とノンレム睡眠があり、夢も見ていること。また、まとまった長さの睡眠が取れないときは、短い時間の足し合わせでも1日に必要な睡眠時間を確保できてしまうこと。短時間睡眠の時期がしばらく続いても、そのあとでまとまった眠りが取れる時期があれば、大きく体調を崩すことなく生活ができる種がいること、などです。

　熟睡せず、ウトウトしているような時間の積み重ねでも十分という睡眠の特性から、鳥を「微睡(びすい)動物」と呼ぶこともあります。

　人間の場合、脳が覚醒している状態に近いレム睡眠(急速眼球運動を伴う眠り)と、深い眠りであるノンレム睡眠の繰り返しサイクルは90分から2時間ほどで、長く眠った明け方には、しだいにレム睡眠が増えて眠りが浅くなり、やがて覚醒に至ります。

　一方、鳥の場合、レム睡眠とノンレム睡眠のサイクルは極端に短く、数分という間隔であることも少なくありません。

　なお、人間は眠っている時間に、脳が自動的にその日の記憶を整理、取捨選択して、残すべき重要な記憶とそうでない記憶の仕分けをしていますが、鳥でも同じような脳活動がされている可能性があることが指摘されています。

眠りながら飛ぶ海鳥

　鳥の羽ばたきは自動制御も可能で、眠った状態でも羽ばたき続けることができると考えられています。

ただし、長く飛び続ける鳥であっても昼間の飛行中に居眠りをするようなことはなく、眠るのは夜間の飛行時のみ。その際も、眠りは極端に短く、ふつうは数回の羽ばたきで目覚めるため、たとえ多少高度を落とすことがあったとしても、地上や海上に落ちる心配はありません。

　地上に暮らす鳥は、基本的に夜は安全な塒（ねぐら）で身を休めるため、飛びながら眠ることはありません。眠りながら飛ぶ可能性が指摘されているのは、渡りの途中の鳥と、長期間地上に降りずに飛び続ける海鳥です。

　飛びながら眠っていることがはっきり確認されたのは、数千キロメートルという距離を休まずに飛ぶこともある大型の海鳥、グンカンドリです。彼らに超小型の脳波の記録装置を背負わせてデータを取ってみたところ、夜間に、睡眠に特徴的な波形が見られました。

　哺乳類のクジラなどと同様、鳥が片脳ずつ眠る「半球睡眠」をすることは以前から知られていましたが、グンカンドリは片脳だけ眠ることもあれば、数分という短時間ではありますが、脳全体が睡眠状態に入ることもありました。その眠りは、レム睡眠、ノンレム睡眠の両方があったことが、研究に携わったマックス・プランク研究所が発表した論文に記されています。

すべて空の上でこなすアマツバメ

　海鳥以外にも、おそらく飛びながら眠っているのだろうと昔から予想されてきた鳥がいます。それはアマツバメ目の鳥たちです。日本でも、アマツバメやヒメアマツバメ、ハリオアマツバメなどを夏鳥として見ることができます。

　アマツバメ類は、鳥類の中でもっとも空中生活に適応した鳥と

いわれるように、どの鳥種よりも速く飛び、営巣・育雛以外、生活に関するあらゆることを空中で行います。

彼らの食べ物は空を飛ぶ虫。水浴びは雨に打たれながら行い、水分摂取も空中で行います。不安定な場所ではなかなか上手くできない交尾でさえも、空中で済ませてしまう徹底ぶりです。渡りの期間は、睡眠も飛びながら取っていると考えられています。

睡眠で代謝もコントロール

極寒の冬の南極大陸で抱卵するコウテイペンギンのオスは、2か月ものあいだ、立ったままで卵を温め続けます。立ったままなのは、足の甲の上に卵を乗せ、その上から腹部の皮膚（抱卵嚢）と羽毛で覆うようにして卵を抱いているからです。横になると卵は凍り、中のヒナは死んでしまいます。

卵が孵るまでの長い期間、オスは水分補給のための雪以外、なにも口にしません。それでも死ぬことなく抱卵が続けられるのは、多くの時間を睡眠に当てていて、なおかつ代謝を下げられるようにノンレム睡眠の時間を増やすなど、「眠りの質」をコントロールしているためだと考えられています。

鳥の寝言

眠っているとき、鳥はどんな夢を見ているのでしょうか。

飼育されている鳥は、基本的に人間の生活サイクルに合わせて暮らしているため、まとまった時間のなか、危険を感じることのないリラックスした眠りを得ているはずです。

飼育鳥には多くのインコ、オウム類がいて、人間の言葉を話せる鳥もたくさんいます。これらの鳥では睡眠中に、寝言として、耳にした声やおぼえている人間の言葉を口にすることがあります。

第4章 体の特殊な部分、特別な能力

　人間がそうであるように、おそらく彼らの夢にも、ともに暮らす人間や動物、同種の鳥などが出てきて、なにかやりとりをしていて、その際に発した言葉などが口からでているのだと推測されます。

ハリオアマツバメ

鳥類最速のグループに属する鳥。針のような羽軸が尾羽の先端から飛び出していることからこの名前がつきました。食べ物は、飛行しながら昆虫などを捕えます。多くの鳥とちがい、足指が4本とも前を向いているため、木の枝に止まるのは困難で、崖などに爪を引っかけるようにして止まっています

DATA　夏鳥、旅鳥として日本に飛来。本州、北海道で繁殖します。オーストラリア東部やニューギニアの南部から渡ってきます。

キビタイボウシインコ

話す能力のあるインコやオウムは、人間の言葉で寝言も言います。それもまた、発達した脳があればこそです
写真提供：東城和実氏

7　翼がかつて恐竜の前肢だった証拠

　たとえば今から1億5千万年前に地上にいた鳥の祖先は、ふつうの肉食恐竜で、その前肢には鉤爪のついた指がありました。やがて前肢は羽毛に覆われるようになり、現在の鳥にも似た風切羽様の羽毛が生えるようになって、それが翼へと進化したわけです。

　鳥になる直前の祖先の前肢は、おそらく指が3本。その指の痕跡を、今も翼の骨の中に見ることができます（p.165参照）。

　親指とも呼ぶ第1指の骨は手首に相当する部位の先にあり、第2指と第3指は癒合してまとまって、翼の先端まで伸びています。

　羽ばたく翼の羽毛の中で、前へと進む推進力を生み出している初列の風切羽は、人間でいう手のひらに相当する部分を中心に、癒合した第2指と第3指の骨から直に生えています。

　第1指の位置には小翼羽がありますが、この部位に残る指骨の先端から、第1指がまだ恐竜の指だったころの名残りともいえる爪が飛び出している鳥がいます。翼の先の第2指の先端から爪が飛び出している鳥もいます。

　たとえば、食肉用、採卵用として日本での飼育も増えてきているアフリカ原産の鳥であるダチョウの翼には、第1指と第2指に痕跡というには立派すぎる爪が残っています。もともと日本にいる鳥の中では、代表的なカモメの一種であるユリカモメの翼に鉤爪の痕跡があり、またクイナ類にも同様の爪が残っています。

実用的なツメバケイのヒナの爪

　ダチョウやユリカモメの場合、爪はただそこにあるだけで、活用

ツメバケイ

ヒナの翼の第1指と第2指に鋭い鉤爪があり、この爪を使って木の枝を登ります。こうした身体的な特徴から、「ツメバケイ」という名がつきました。しかし、翼にある爪を活用して生活するのは、小さなヒナのときのみ。大人になる過程で爪は抜け落ちてしまうため、大人のツメバケイに爪は存在しません

されることはありませんが、世界で唯一、翼の爪を生活に利用している鳥が、南アメリカ北部から中部に生息しています。翼の爪から名がついた、ツメバケイ。そのヒナです。

孵化したツメバケイのヒナには、立派な鉤爪があります。ツメバケイの巣は、水辺にかぶさるように伸びた樹の高い場所にあり、危機が迫ったとき、ヒナはわざと巣から水面に"落ち"ます。

ヒナは危機が去るまで水面近くにいて、その後、巣に戻ってきますが、巣がある場所まで、木の枝を登るのに鉤爪が大きく役立っています。まだ飛ぶことのできないヒナは、足とくちばし、爪のある翼を「手」のように使って、枝を登ります。その姿に、遠い鳥の祖先の暮らしぶりが見える気がします。

ただし、ツメバケイに爪が存在するのは孵化から3週間ほどだけ。その後、爪は自然に抜け落ちるため、少し成長したヒナや成鳥のツメバケイに爪はありません。

8 遺伝子のスイッチで羽毛とウロコを切り換え

　鳥の祖先である肉食恐竜は、遺伝子を少し変化させることで、皮膚のウロコを羽毛に変えました。鳥の遺伝子の解析から、羽毛とウロコの遺伝子のベースは共通していて、わずかにスイッチを変えるだけで、羽毛⇔ウロコ⇔ツルツルの皮膚、の切り換えができることがわかっています。

　なお、見た目はまったく異なりますが、羽毛もウロコも、爪やくちばしの表面も、ケラチンというタンパク質でできています。人間の髪の毛や体毛、爪がケラチンでできているのと同じです。

　抱卵する時期、多くの鳥の腹部には、抱卵斑と呼ばれる無毛部ができます。

　羽毛にくるまっていると温かいのは、羽毛が断熱材として機能するからで、体温を伝えたい相手とのあいだに羽毛があると、熱は上手く伝わりません。また、形が変わらない硬いウロコのままでは接触が点になってしまい、やはり上手く熱は伝わりません。

　効率的に卵に体温を伝えるためには、やわらかな皮膚が最適です。羽毛、ウロコ、ツルツルの皮膚（無毛部）の切り換えスイッチは、こうした場所、こうした点でも役立っています。

スイッチの切り換えがよくわかる場所

　羽毛⇔ウロコの切り換えがよくわかるのが、ふだんからウロコ状の皮膚が目立つ足です。

　進化して筋ばった細い足になりましたが、鳥の足の原型は肉食恐竜の足。鳥の足の表面に見られるウロコ状の皮膚は、祖先

の皮膚の名残りでもあります。そしてそれは、住環境など、状況次第で羽毛に変化させることが可能なことを、寒冷な気候に適応したライチョウやシロフクロウが教えてくれます。

以下に、同じキジ目であるニワトリとライチョウの足を並べてみました。

ニワトリは人間でいうところの、くるぶしから下がウロコ状の皮膚で覆われていますが、ライチョウは指の表面にまで羽毛が生えていて、保温効果を高めています。

シロフクロウの足に生えている羽毛も、同様の理由から生まれたものです。

遺伝子のスイッチでウロコが羽毛に変わる例

左、ニワトリ(オス)の足。小鳥類と比べて、はっきりしたウロコが見えます。写真提供：吉海まりも氏。右、ふさふさした羽毛に覆われたライチョウの足。同じキジ目であるニワトリとライチョウには、共通の祖先がいます。ライチョウは本来ならウロコになるはずの皮膚に羽毛をつくることで寒冷な気候に対応しました。ただし、足の指の裏側には羽毛は生えていません。そこに羽毛があると、「滑り止め」としての機能が失われてしまうためです。同じように指全体が羽毛に覆われているように見えるシロフクロウも、足の裏は無毛です

COLUMN 08

足にも翼をもつ鳥が誕生する日はくる?

　鳥は、羽毛と翼を祖先の肉食恐竜から受け継ぎました。発見されている化石を見ると、恐竜は行きつ戻りつしながら、徐々に鳥へと進化したようで、鳥の親戚すじにありながら、鳥へと進化しなかった恐竜たちの体には、興味深い試行錯誤のあとがいろいろ見られます。なかには、コウモリのような皮膜をつくり、滑空するように空を飛んでいた種がいたことも判明しています。

　鳥への進化の初期段階には、前肢に翼状の羽毛を生やしただけでなく、後肢にもはっきりとした羽毛をもっていたものが何種もいました。さらには、ほとんど翼といってもいい風切羽のような羽毛を後肢にももっていた種がいたこともわかっています。実質的に4枚の翼をもった種が実在していたわけです。

　実は、鳥の始祖とも思える姿から「始祖鳥」の名前がついたアーケオプテリクスの後肢にも、翼状になった羽毛があったことが最近になって判明しています。

　ただし、後肢に翼状の羽毛があったとしても、それを使って鳥の翼のように羽ばたくのは骨格構造的に難しいこともあり、後肢はおもに滑空の際に利用されたのではないかと考えられています。もしかしたら、滑空飛翔の際に、カラフルな色のついた前肢、後肢の羽毛を地上のメスに見せるなどして、自分の存在のアピールや求愛行動に利用していたかもしれません。

　鳥は後肢に翼状の羽毛をつくらなかったか、つくっても退化させた恐竜の子孫と考えられるため、この先、後肢に翼をもつ鳥が地上に生まれる可能性はほぼありませんが、できることならそうした一風変わった姿の鳥も見てみたかったと、ときどき思います。

第4章 体の特殊な部分、特別な能力

9 鳥の体重バランス

「飛ぶ」ために徹底的に身を軽量化して誕生したのが鳥の体です。体の重量バランスを見ると、それがよくわかります。

太い骨は中空にして、強度が必要なところに斜交（はすか）いのような細い骨繊維を追加。その結果、鳥の「骨の総重量」は体重の5パーセントほどになりました。

ただし、翼を動かす筋肉がつく胸部だけは、逆に大きくしました。飛ぶ鳥では、そこにつく筋肉が全体重の3分の1前後を占めます。

また、飛ぶためには素早く全身に酸素とエネルギー源を運ぶ必要があります。血液量が多いのはそのためです。さらに飛行と警戒のために目が大きくなり、脳も大きくなりました。

鳥のアイデンティティでもある羽毛は、体重の1割を占めます。

小鳥の体重の構成：体重に対する割合

	小 鳥	人 間
骨 格	体重の約5%	15〜20%
脳 重	体重の2〜3%	約2.2%
血液量	体重の約10%	7〜8%
胸 筋	体重の30〜35%	——
羽 毛	体重の約10%	

＊上記データは空を飛ぶ「小鳥」についてのものです。脳重は種によって大きく異なり、ジュウシマツで体重の約3.3%、カラスで約2%です

10　全身のセンサーが状態をキャッチ

　足指とくちばしを除いて、鳥の全身は、基本的に羽毛に覆われています。人間の髪の毛と同様、羽毛は死んだ組織で、羽毛自体に感覚はありません。途中で切ったとしても、折れたとしても、鳥は痛みを感じません。強度を保つために骨から直接生えている風切羽を除き、羽毛は皮膚表面から生えているものなので、引き抜かれればその瞬間、痛みを感じますが、抜けてしまえばもう無痛。この点も、髪の毛などの体毛と同じです。

　羽毛の下にある皮膚にももちろん、しっかりとした感覚があります。温点や冷点もありますが、断熱材でもある羽毛に覆われた状態では、温度や湿度はなかなか感じにくくもあります。

　羽毛表面になにかが触れると、それは羽軸を介して皮膚へと伝わり、受けた皮膚の刺激が脳へと送られます。しかしそれは敏感な皮膚で直接受ける刺激に比べると、どうしてもあいまいなものになってしまいます。そこで鳥は、以下のような部位、手段を使って、受け取る感覚情報の精度を上げ、生活に生かしています。

(1) 高度な温度センサー、圧力センサーとしてのくちばし
(2) 目の下部からくちばしの周囲にかけて生えている敏感な剛毛
(3) 全身の羽毛のあいだに毛羽というセンサーを配置

くちばしは鳥がもつ最大のセンサーの1つ

　人間の爪と同じ、ケラチンというタンパク質で覆われた鳥のくちばしは、皮膚や羽毛に比べると硬めで、一見、無粋な印象を受けます。しかし、触れると温かさを感じることからもわかるよ

うに、その表面すぐ下には血管が網目のように通り、無数の神経も張りめぐらされています。

　なにかをつかんで持ち上げたりするたびに、鳥はくちばしから、温度や触感、味、重さなどを瞬時に感じ取って脳へと送っています。もちろん、なにもしていないときも、周辺の温度や日照、風の向き、当たる風の強さなどを感じ取っています。

　鳥の目の下部からくちばしつけ根の上部には、一般に「ヒゲ」とも呼ばれる剛毛が生えています。フクロウ類やヨタカ、ツバメなどでよく発達していますが、風の向きや強さに関しては、このヒゲが強力なセンサーとして働いて、情報を脳へと伝えています。このヒゲになにかが触れると、条件反射的にまぶたの内側にある瞬膜が閉じて目を守るような機構をもっている鳥もいます。

鳥のくちばし

全身の羽毛の中にも細い感覚毛が

　風切羽など、私たちがふだん見ている鳥の体表を覆う羽毛は、「正羽（フェザー）」と呼ばれるもので、その下に「綿羽（ダウン）」があります。実は、そうした羽毛に紛れて、鳥の全身には細い毛状の「糸状羽」が生えていて、感覚毛として機能しています。飛行中に受ける風をモニターして全身の筋肉の微調整に役立っているほか、地上にいるときは、羽毛の乱れなどもこの糸状羽が敏感に察知。信号を受けた脳は、「ここを羽繕いしろ」という指示を体に向かって送ります。

11　体に毒をたくわえる鳥のしくみ

　一見、まったくなんの関係もないように見える南米の赤いベニイロフラミンゴと、赤いカナリアと、「ピトフーイ族」という名称でまとめられているニューギニアの毒をもつ鳥に「共通する点」があるといったら驚くでしょうか。カナリアと毒のある鳥（コウライウグイス科など）は、ともにスズメ目という共通点はありますが、生態などは大きくちがっています。

　先に言ってしまうと、共通点は、「口から摂取したものが蓄積された結果、彼らの特徴的な体が形成された」です。

　生き物はみな、血肉も羽毛も、食べたものでつくられています。食べたものは腸から吸収され、血液に乗って全身に運ばれます。

ベニイロフラミンゴと赤カナリア

　ベニイロフラミンゴが食べている植物プランクトンの藻類（そうるい）には、カロチノイドという赤い色素が含まれています。腸から吸収されたその色素は、壊されることなく羽毛を形成する細胞に運ばれ、ベニイロフラミンゴ特有の赤い色をつくりあげていきます。

　赤いカナリアも基本的には同じしくみで羽毛の赤い色を強めていきます。ただしこちらは、人間が赤いカロチノイド色素を含んだ食べ物を集中的に食べさせることによって色が深まります。

ピトフーイ族

　『史記』ほかの中国の古い文献には、「鴆（ちん）」という毒のある鳥についての記述があり、その鳥の噂は古代から中世の日本にも伝

わっていました。文献によれば、鴆の羽毛は猛毒で、それを浸してつくった酒は人間を殺せるほどの強さになるとされ、要人の暗殺などに使われたことなどが記されています。

そうした文献はあったものの、20世紀の末まで毒をもった鳥は発見されておらず、暗殺に利用されたのは伝説上の毒か、なにか別の毒だったのだろうと考えられていました。ところが1992年、ニューギニアで羽毛や筋肉に毒をもつ鳥が発見されたのです。

調べるとその毒は、南米に棲むヤドクガエルがもつ強力なアルカロイド系の神経毒バトラコトキシンに近い、ホモバトラコトキシンで、十分な殺傷能力があるものでした。

現在、「ピトフーイ族」という名称でまとめられている毒のある鳥は6種が知られています。代表的な鳥は、コウライウグイス科のカワリモリモズとズグロモリモズ。グループ中、この2種の毒が最強となります。このほか、モズヒタキ科の3種とカンムリモズヒタキ科の1種がグループに含まれています。

コウライウグイスは、中国古代の漢詩などで「ウグイス」と呼ばれた鳥です。ピトフーイは、この科を含む複数の科で構成されるため、毒をもつ特質は、それぞれの種が独自に身につけたものと考えられています。

なお、その毒は、鳥がみずから体内で合成したものではなく、毒に対する耐性をつくりながら、毒をもった昆虫などを食べることで体に蓄積していったものと考えられています。こうしたしくみが、ベニイロフラミンゴや赤カナリアと共通していました。

ただし、彼らが毒をもつようになったのは、他者を攻撃するためではなく、「だれかに食べられるのを防ぐため」だったと考えられています。食べたら具合が悪くなった、死んだ、と周囲の生物が認知することで、捕食者の襲撃を回避できるからです。

12 恐竜から受け継いだ産卵のしくみ

　人間をはじめとする哺乳類の卵巣は、体の左右に1つずつあります。鳥の祖先の恐竜にも、左右に1つずつ卵巣がありました。

　現在、一般的な鳥の卵巣は左側だけにしかありません。発生直後は両方に形成されますが、卵の中でヒナとして成長する過程で右側は萎縮して機能しなくなり、痕跡程度になってしまいます。これもまた、鳥が鳥になるにあたって体を軽量化した結果の1つと考えられています。

　ただし、ニュージーランドのキーウィは例外で、左右2つとも卵巣が機能していることがわかっています。キーウィが属する走鳥類は、鳥類が地上に生まれてまもないころ、おそらくは恐竜が絶滅する以前に誕生した古いグループである可能性が指摘されていますが、そうした分化の時期、すなわち古いタイプの鳥であることが、2つの卵巣をもつことと関係しているのかもしれません。

　ただし、よく知られたとおり、体の4分の1を占めるなど、キーウィの卵は体に対してとても大きく、卵1個でも体内で内臓を強く圧迫するほどのサイズになるため、卵管・卵巣が2つあっても、2個の卵を同時につくることは物理的にありません (p.157参照)。

卵は1つずつつくられる

　鳥の体内では、1つの卵を生み落とすまで、次の卵の形成にはストップがかかります。卵をつくる卵管内に、2つの卵を同時進行でつくれるスペースは存在しないからです。産み終えたことが信号として伝わることで、次の卵の形成が始まります。

祖先の恐竜も同じだったことが、化石からわかりました。

少なくとも祖先の肉食恐竜は、産卵が終わるまで次の卵黄を卵管に送り出すことはなかったようです。こうしたことから鳥は、産卵のプロセスも祖先から受け継いだと考えることができます。ただし恐竜は左右に2つの卵巣をもっていたため、産卵は2卵同時か、わずかな時間差で2個を産んでいたと考えられています。

なお、ニワトリなどで、1つの卵の中に2つの黄身が入っていることがまれにありますが、そうした卵がもしも受精していたとしても、1つの卵の中には2羽のヒナが同時に成長できるスペースは存在しないため、どちらも途中で死亡し、双子として孵化することはありません。

卵形成のプロセス

ニワトリなど、採卵用に品種改良された種は別ですが、一般的な鳥の場合、オスの精巣と同様に、メスの卵巣も繁殖の時期に活性化し、成熟した卵子（卵黄およびその上の胚のもと）をつくるようになります。

繁殖の時期になり、ホルモンが作用して卵（卵黄）が成熟すると、卵黄は卵巣からロート状の卵管采（漏斗部とも呼ばれます）に放出されます。交尾によってメスの体内に入ったオスの精子は、卵管（輸卵管）を遡って卵管采にたどり着き、この場所で受精が起こります。

その後、受精卵は卵管を下り、途中にある卵管膨大部（マグナム部）で卵白をまとい、卵殻膜が形成されたのち、子宮部（卵殻腺部）に留まって、卵殻ができあがるのを待ちます。なお、できた卵殻膜は最初はしわしわですが、子宮部で卵殻形成前に必要な水分が供給されると、容量が倍加。パンパンに膨れて、卵殻膜がピ

卵がつくられていくしくみ

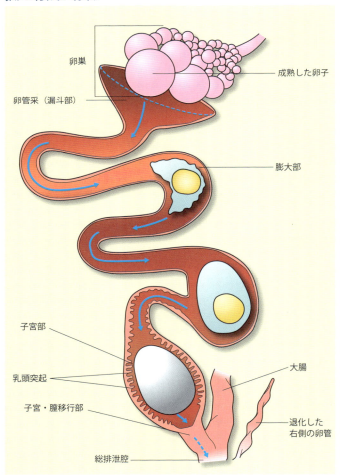

卵管采に放出された成熟した卵は、この場所で精子と出会って受精。ほどなくして卵管を下り始めた卵は、途中、膨大部で卵白が付加され、卵殻膜がつくられたのち子宮部に移動して、卵殻が完全に形成されるまでここに留まります。交尾したオスの精子を溜めておく貯精嚢は、子宮部と総排泄腔のあいだにある細い子宮・膣移行部にあります。『鳥類学』（新樹社）ほかのイラストをもとに作成

ンと張った状態になります。その上に卵殻が形成されます。

　一般的な鳥の場合、1つの卵が形成されるサイクルは約24時間。漏斗部に卵が落ちてから子宮部に至るまで3～4時間。ここまでは意外に短く、その後、18～20時間という長い期間、子宮部に留まることで、ゆっくり卵殻をつくります。赤褐色から淡いピンク、緑や青みがかった色のついた卵や、模様のある卵も存在しますが、それらの色をつくる色素も子宮部で分泌されています。

　子宮部には非常に多くの血管が集まっています。卵殻をつくるカルシウムが、血液を通してここに運ばれるからです。卵殻に色や柄をつける色素（プロトポルフィリン、ビリベルジン）は、血液成分の1つである、酸素を運ぶヘモグロビンが分解される過程でつくられていて、肝臓で形成されたのち、血液を通して子宮部に運ばれます。

　なお、一部の色素は子宮部内で赤血球を直接、分解してつくられている可能性も指摘されています。

産卵

　鳥の場合、大腸も尿管も、卵が送られてくる輸卵管も、総排泄腔（クロアカ）と呼ばれる腔状の臓器につながっています。ここを通して、総排泄孔から体外に排出、排泄されるわけですが、鳥の体にはさまざまな妙があって、つくられた卵は糞便には触れないようになっています。

　子宮部で卵殻をまとった卵は、ふだんは閉ざされている卵管の膣部を通って総排泄腔への開口部である卵管口から排出（産卵）されます。このとき、総排泄腔は反転して、卵管口が出口である総排泄孔（肛門）と直に重なるかたちになります。こうした状況により、総排泄腔内に溜まった糞便と接触することなく、産卵が行われていきます。

COLUMN 09

骨粗鬆症の治療薬の
ヒントを鳥がくれるかもしれない

　鳥は進化して鳥になる際、徹底的に体の軽量化を進めたため、その体内にはなにかを溜め込むような余裕はほとんどなくなってしまいました。一方で鳥は、乾燥や衝撃に耐える、堅い殻の卵を産みます。その主成分は炭酸カルシウムです。鳥のメスは産卵前にカルシウムを食べ物から十分に採って、体内に溜め込む必要があります。カルシウム不足の卵は、抱卵には向かないからです。

　鳥がカルシウムの保管場所として有効活用しているのが、太い骨の内部です。軽量化に成功した鳥の太い骨の内部は、大部分が空洞で、そこに強度強化のための細い梁がめぐらされています。

　メスの鳥は、発情の初期から、空いているこの場所に摂取したカルシウムを溜め込んでいきます。そして交尾後、貯蔵しているこの「仮倉庫」からカルシウムを引き出して、十分な強度をもった卵殻をつくっていきます。

鳥のレントゲン写真

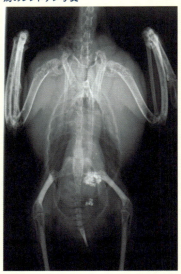

上腕骨、大腿骨など、鳥の太い骨の内部は空洞になっていて、産卵前のメスは、そこをカルシウムの貯蔵場所として利用しています。この写真で大腿骨の内部がやや白くなっているのも、そこにカルウシムが溜められているためです

ホルモンが骨内への移動、放出をコントロール

　春になって昼間の明るい時間が長くなり、青菜を含めた十分な食料を口にするようになった鳥は、発情期に入ります。つがい相手の求愛が始まる前から、女性ホルモンの働きにより、カルシウムを含んだ食材を盛んに食べるようになり、体内に入ったカルシウムを骨の内部（髄空）に溜め込んでいきます。

　全身をめぐる血液中のカルシウムが骨の内部に移動する鳥の体のメカニズムを深く研究することで、人間の骨粗鬆症の治療（治療薬の開発など）に役立てていくことはできないでしょうか？

色や形など、さまざまな鳥の卵

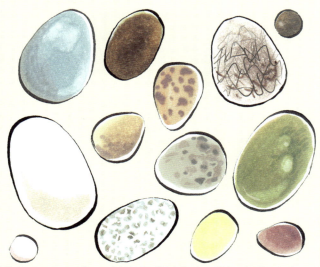

飼育されているインコやブンチョウなどは白い卵を産みますが、茶色や青や緑などの色のついた卵や、模様のある卵を産む鳥も少なくありません。色や模様は、産卵直前に輸卵管の下部にある子宮部でつけられます。なお鳥は、繁殖場所や巣の形状などに合わせて、種ごとに、丸（球）から楕円球、洋梨型、いわゆる卵形まで、さまざまなタイプの卵を産みます

13 鳥が行う受精コントロール

　人間では、射精後、精子は3〜10日ほどしか生きられません。卵子のもとにたどり着いて受精に成功するかしないかですべては決まり、できなかった精子はあっという間に死んでしまいます。それ以前に、母体側で排卵がないと、そもそも卵子に出会うことができません。

　一方、鳥の場合、体内でホルモンのスイッチが入って卵子(卵黄)が成熟を始めるまでは相手を受け入れる気にならないため、発情が始まって交尾をすれば、高い確率で受精します。

　先にも解説したように、メスの鳥の体内で卵は1個ずつ形成され、生み落とされていきます。卵管先端の漏斗部の上に1個の成熟した卵黄が落ちる(排卵される)ところから卵形成は始まり、受精もその都度、その場所で行われています。一方の精子は、交尾後、30分以内に漏斗部に到達します。

　哺乳類の精子と事情が同じなら、排卵に合わせた交尾が必要になってきますが、毎日〜1日おきに産卵する鳥であっても、ほとんどの場合、毎回交尾する必要は実はありません。

　一夫多妻の鳥では、交尾後、オスは次の相手を探して飛び去ってしまい、その繁殖期にはもう二度とそのメスの前には現れないのがふつうですが、それでもメスは、毎日、しっかり受精卵を産み続け、数羽から十数羽のヒナを孵していきます。

　そうしたことが可能なのは、鳥の体内——卵管内部に、精子を弱らせることなく溜めておける特別な場所「貯精嚢」があり、そこで精子を長期間保存できるためです。

メスの体内で精子は10〜100日生きることが可能

　メスの鳥の体内には、オスから受け取った精子を溜めておける場所が2か所あります。1つは輸卵管が総排泄腔に向かって開いている結合部分の上部。卵管子宮部のすぐ下あたりです。もう1か所は、成熟した卵子が落ちてくる漏斗部にあります。

　ただし後者は、先の卵黄が受精したあとにそこにたどり着いた精子が、次の排卵を待ってスタンバイしているような感じで、明確な精子の貯蔵場所という意味合いではないのかもしれません。

　よって、精子のメインの貯蔵場所は輸卵管の下部ということになり、この場所を一般に「貯精嚢」と呼びます。

　貯精嚢の内部は、pHなど、精子が生きやすい条件が整えられていて、受け取った精子の長期保存が可能になっています。

　卵子の準備が整っているとき、精子は貯精嚢に留められることなく、そのまま輸卵管を遡っていきます。しかし、排卵まで日数がかかる場合など、精子と卵子はちょうどいいタイミングで出会う必要があることから、条件が整うまで、貯精嚢に精子を留めておくようにしているケースもあることがわかっています。

貯精嚢の位置

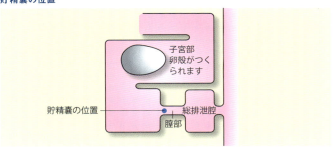

状況によって、精子はこの場所に一時的に留められます。精子は最長で100日も、この場所で生きることができます

14　鳥の性染色体はZW

　哺乳類も鳥類も、性決定に関わる染色体をもっています。
　人間の場合、性染色体は女性がXXで、男性がXY。男性側の精子が、生まれてくる子供の性別を決めます。
　オス側が異なる染色体をもつものを「雄ヘテロ型」と呼びます。哺乳類のほとんどが、このタイプに含まれます。
　一方、鳥の性染色体はXとYではなく、ZとWで表記されます。
　鳥は、メスがZW、オスがZZのかたちで染色体をもちます。つまり、人間などとは逆で、2つとも同じ性染色体をもつのがオス、異なる性染色体をもつのがメスです。このタイプには、鳥類やヘビの仲間などが含まれ、「雌ヘテロ型」と呼ばれます。
　人間と同様に、鳥の場合も、精子、卵子は、それぞれが1つず

性染色体と雌雄の決定

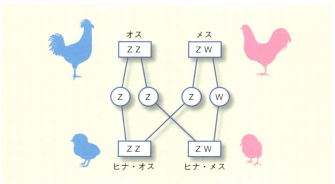

鳥の場合、オスが同じZZで、メスがZWという性染色体をもちます。人間など哺乳類とは逆のかたちです

つ性染色体をもちますが、精子はZの染色体のみで、逆に卵子には、Zの染色体のものと、Wの染色体のものがあるため、生まれてくるヒナの性別は、母親側（卵子側）の染色体で決まってきます。

なお、XY、ZWとあえて異なる表現をしてはいますが、性決定に関わる染色体という意味で、両者に大きなちがいがあるわけではありません。表記をあえて変えているのは、「雄ヘテロ型」なのか、「雌ヘテロ型」なのかを、はっきり示すためです。

まれに、体の左右で性別が異なる鳥も

受精卵の胚が卵割を始める、いちばん最初の染色体分裂の際にエラーが起きてしまった場合、分割された胚体（卵子）の片方がZW、もう半分がZZになってしまうことがあります。その胚がそのまま成長して孵化すると、体の半分がオスで、残り半分がメスという鳥が誕生します。

左右で雌雄の異なる鳥：セキセイインコの例

まれに、このように左右で雌雄が異なる個体が生まれることがあります。オスかメスか、優性遺伝子の有無で色素の発現が変わる鳥の場合、体の中央部で完全に色が分かれて見えるケースがあります

15　胎生の鳥がいない理由

　哺乳類のほかに、ホホジロザメなど魚類にも胎生のものがいることが知られていますが、胎生の鳥類が誕生することはおそらくないでしょう。

　理由はいくつかありますが、飛ぶ体を維持するために、体は常に軽くしておきたい、というのが鳥の本質的なあり方であり、長期間にわたって胎児をお腹の中にもったまま生活するのは鳥の生活にそぐわないということがまず挙げられます。不可能ではないものの、鳥としてはそういう選択はしたくないというところです。

　たとえば100グラムの鳥が体重の4分の1に相当する脂肪を体内にたくわえて125グラムになったとしても、負担は増えるものの飛ぶ能力は十分に維持します。哺乳類のコウモリでは、自身の4割ほどの体重の子供を抱えて飛んでいたりもします。

　スズメ目のヒナは晩成性で、生まれたときは目も開いていません。そんな状態で小さく生まれてくれば、体内にいても飛ぶことに支障はなさそうです。走鳥類など飛ばない鳥なら、かなり大きくなるまで胎内で育てることも可能でしょう。実際、ニュージーランドのキーウィの卵は巨大で、その重量は体重の4分の1ほどもあり、メスの腹腔のかなりの体積を占めています。

高すぎる鳥の体温

　卵が育つのに最適な温度は、34度〜38度。卵の中で成長するヒナにとっては、実は人肌が適温なのですが、一般的な鳥の体温は40〜42度もあり、なかにはもう少し高めの鳥もいます。

実はそれは、ヒナへと成長する卵にとっては致命的な温度です。高温の鳥の胎内では、ヒナは育てずに死んでしまいます。

　産卵期、抱卵する多くの鳥は腹部の綿羽が抜けて、皮膚がむき出しになります。この部分を抱卵斑と呼びます。もともと、この部分にあまり羽毛が生えていない種もあります。

　いずれの親鳥も、このむき出しのやわらかい皮膚を卵に押しつけ、体温を卵に伝え続けますが、その際、どんなに密に接するようにしたとしても接触は卵の片側に集中するため、体温が100パーセント卵には移りません。その結果、4〜8度ほどのロスが生じます。そのロスが上手く働いて、卵は、成長するのに最適な34度〜38度に維持されます。よくできたメカニズムなのです。

　最後に余談を1つ。先にも少し触れたキーウィですが、実は鳥のなかでは低体温で、39度ほどしかありません。そのため、なにかをきっかけに急な進化が起こり、胎生を身につける種があるとしたら、それはキーウィだろうといわれています。

キーウィの体とその中の卵のイメージ

巨大な卵を産むキーウィの産卵は、どんな動物、どんな鳥よりもたいへんに見えます。キーウィの祖先は一度巨大化したのち、今のサイズに縮んだと考えられ、現在見られる大きな卵は、巨大だった時代の名残りと考えられています

16 大きな眼球、近紫外線も見える目をもつ意味

　耳の話で始まったこの章の締めは、目の話です。

　すでにご存じの方も多いかもしれませんが、色の分解能力や可視波長域、さらには解像度という点においても、人間の視覚は鳥にはかないません。人間の暗視能力はニワトリに勝りますが、フクロウから見ればかなり低いレベルです。

　哺乳類の多くは、恐竜がいた時代から夜行性で、日中に活動することが少なかったことから、鳥類ほどには視覚にたよった生活をしていませんでした。獲物を捕えるため、あるいは敵から逃げるために暗視能力の強化は必要でしたが、追うにしても逃げるにしても、視力よりも聴力がたよりになりました。それが人間をはじめとする現在の哺乳類の感覚のベースになっています。

色の識別能力と可視波長域

　人間を含めた動物の目の網膜には、光を感じる「桿体細胞」と色を見分ける「錐体細胞」という2タイプの視細胞があることは先にも少し触れました。多くの場合、錐体細胞は1種類ではなく、動物種ごとに、その網膜には、異なる波長に感応する特性をもった複数の錐体細胞が存在しています。

　古くから赤、緑、青、という三原色でテレビ画像がつくられてきたことからもわかるように、人間の目には、赤、緑、青に感受特性をもった錐体細胞があり、この目をもつことで人間は世界をフルカラーで見ています。一方、霊長類を除いた一般的な哺乳類——イヌやネコなどは、「青」と「赤−緑セット」の2種類の錐体細

胞しかもたないため、色覚に乏しい目になっています。

哺乳類の遠い遠い祖先はフルカラーの視覚をもっていましたが、進化の過程で夜間の活動に適応したために、もともともっていた錐体細胞を半減させ、その分を暗視能力の強化につながる桿体細胞に切り換えてしまいました。こうしてフルカラーの視覚は失われてしまったわけです。

人間がフルカラーの視覚をもっているのは、霊長類として進化を始めた祖先が昼間に樹上で暮らすようになったとき、離れた場所にある果実などが食べられるものかどうか見分けるために、フルカラーの視覚が必要になって、ほかの哺乳類が1つの錐体細胞としてもっていた「赤-緑セット」の細胞を無理矢理2つに分けて、赤と緑の別々の錐体細胞をつくりあげたためです。

それは、一度失ったものを復活させるような強引な進化でした。そのため、人間は緑と赤の感度のピークがとても近く、その2つと青が離れている、バランスのよくないものとなりました。

人間と鳥の可視波長領域

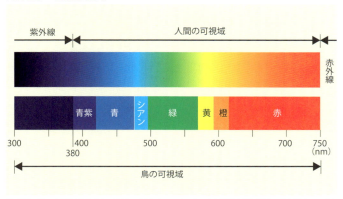

鳥の目には、人間には見えない300〜380ナノメートル(nm)の近紫外線領域の光も見えています

一方、鳥ですが、鳥はもともと赤、緑、青、紫・紫外という4種類の錐体細胞をもっていました。しかもそれは一度も失われることがなかったため、4本の感度曲線が一定間隔できれいに並んでいます。そのため、どんな色も人間よりも細かく見分けることができます。もともと脊椎動物は、鳥タイプの4種類の錐体細胞をもっていたとする説が有力です。人間が基準と考えがちな哺乳類は実は、脊椎動物という大きな枠の中では例外的な存在でした。

　また鳥は、紫・紫外の錐体細胞をもつことで、人間には見えない近紫外線領域も見ることができます。紫外線で見ると、花も蝶も、人間の目には同じ色に見える鳥の羽毛も、かなりちがって見えます。ときに光っているようにも見えて、判別や識別、自己アピールにも大きく役立っていることがわかっています。

鳥種ごとに異なる視細胞の構成

　鳥の目は一般に巨大で、「目」として外から見えている部分はそのほんの一部です。たとえばフクロウの眼球は人間とほぼ同サイズであり、ダチョウにいたっては眼球の直径が5センチメートルもあって、鳥類最大を誇ります。くちばしを除いた鳥の頭部の大部分は、脳と眼球が占めているといっても過言ではありません。

　そんな鳥の眼球には、高密度に視細胞が詰め込まれています。そのため、視野中心だけでなく、視野の中の多くの場所で人間よりもずっとくっきりものを見ることができます。

　また、鳥種によって、網膜上にある視細胞の構成が大きくちがっています。猛禽類では、離れた場所にいる獲物をしっかり見られるように錐体細胞の密度が上がり、夜間に活動することが多いフクロウ類などでは、桿体細胞の密度が高くなっています。

第5章

興味深い鳥の行動や習性

1　水を運ぶ、ヒナを運ぶ

▶▶▶ スキハシコウ、クリムネサケイ、トサカレンカク

　鳥のくちばしは、人間の手や指が行うようなさまざまな作業をかなり上手にやってのけます。さらには、人間の指先では難しい、より繊細な作業でさえも器用にこなしてみせます。

　そんな器用なくちばしにも、不可能なことはたくさんあります。それでも鳥は諦めたりせずに、自身の体の使える部分をフル活用して、できることをします。

　たとえばヒナのもとに水を運ばなくてはいけないとき。人間は、短い距離なら手のひらで水をすくって運んだりもしますが、前足（前肢）を翼に変えてしまった鳥に、それは不可能なこと。

　また、くちばしは、堅いものをくわえて運ぶのには向いていますが、やわらかいもの——たとえばヒナを運ぶようなことに適しているとはいえません。まして複数のヒナを、同時に、傷つけることなく、くちばしで運ぶのは、どうやっても不可能です。

胸元に水をたたえて運ぶクリムネサケイ

　暑い巣の中にいるヒナの体温を少しでも下げたいと思ったとき、たとえばインドからベトナムにかけて生息するスキハシコウは、川や池で飲み込んだ水を喉に溜めて飛び、巣に戻ってヒナの上で吐き出してかけます。こうやって、気化熱で冷やすのです。

　これも1つのやり方ですが、喉が渇いているヒナに対して、口を使わない方法を編み出した鳥もいます。

　砂漠やその周囲など、高温の土地に適応したサケイ類の羽毛は、ほかの鳥に比べて密で、外気温が体の内部に伝わりにくい高度

な断熱材として機能しています。

南アフリカの砂漠地帯を中心に分布するクリムネサケイは、その羽毛に水を吸わせて、ヒナのもとへと運びます。オスのクリムネサケイの胸部の羽毛は、その密な羽毛がスポンジのように高い吸水性をもつように進化しました。

クリムネサケイのオスは、水場で十分な水を飲んだあと、胸を水につけて、しっかり浸します。それからおもむろに飛び立って、水場から何十キロメートルも離れた場所にいるヒナのもとへと戻るのです。このときクリムネサケイの胸の羽毛は「水のタンク」として機能しています。

父親が巣に戻ると、クリムネサケイのヒナはその胸にくちばしを差し込んで中の水を飲み始めます。水筒がわりの胸元の羽毛は、数羽のヒナの喉を完全に潤せるだけの水を運ぶことができます。

父親の胸にくちばしをつけて水を飲むクリムネサケイのヒナ

親の胸はヒナからすれば高い位置にあるため、上を向いた状態でごくごく水を飲むことができます

なお、サケイはまれに迷鳥として日本にも飛来しますが、こちらはモンゴルなどの中央アジアに分布する種で、クリムネサケイとは別種となります。

ヒナを抱いて運ぶトサカレンカクのお父さん

　「蓮鶴」と書いて、レンカク。レンカクの仲間はスイレン（睡蓮）などの水草の上で生活し、抱卵も水草上で行います。そのため、不安定な水草の上を沈まずに歩けるように、ほかの鳥に比べて足の指が長く、体重も見かけよりもかなり軽量になっています。

　トサカレンカクはひたいに赤い額板をもった小型の鳥。インドネシアからオーストラリア北部に暮らしています。わずか100グラムほどのトサカレンカクは、レンカク科の例に漏れず水草の上が生活の場であり、基本的にオスが単独で子育てをします。

翼でヒナを抱いて移動するトサカレンカク

トサカレンカクは、小わきにはさむようにしてヒナを運搬します

子育てにはたくさんの危険があるため、ときにヒナを全員連れてすばやく移動する必要があります。トサカレンカクは通常、3〜4羽のヒナを連れています。

レンカクのヒナは早成性で、生まれてすぐに自力で歩くようになるものの、水面に浮いた水草の上という不安定な環境で、すばやい行動は難しく、歩幅の大きな親には越えられても、ヒナには渡れない、水草のない領域も存在します。

そんなとき、トサカレンカクのオスはヒナをまとめて小わきに抱えて、持ち上げて運びます。トサカレンカクの翼の骨は独特な形状で、ほかの鳥では細い橈骨（とうこつ）の幅が広くなっています。

ヒナたちが翼に頭を突っ込んだのち、翼をゆるく締めると、ヒナの頭部がこの骨にしっかり引っかかるかたちになって上手に運べると考えられています。もちろん、ヒナも苦しくはありません。こうした翼も、ほかの鳥には見られない独特な進化の結果です。

一般的な鳥とトサカレンカクの肘から手首までのちがい（イメージ）

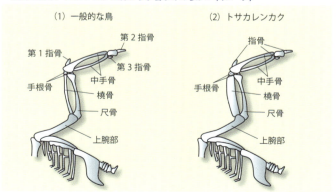

左が一般的な鳥の翼の骨で、右がトサカレンカクの骨。トサカレンカクの橈骨の幅が広くなっていることがわかります。これによってしっかりヒナの首のあたりを保持します

2　鳥は他者の視線を追うことができる

▶▶▶ カラス類、インコ類、ほか

　いっしょに暮らしている、よく馴れたイヌなどの動物に、指先で、「これ、なに？」、「これ、見て」と指示をすると、多くはその指先を見るか、声を発した人の顔を見ます。指先が示す方向を見てほしい、という人間の意図が伝わらないことも多いようです。

　一方、人間に馴れ、人間との暮らしに慣れた鳥類は、同じ指示に対して、指先が指し示した方向に目を向け、見てほしいと人間が願ったものを見ます。インコやカラスなどの鳥たちは、人間が示した「これ」がなにを意味するのか、多くの場合、正しく理解することができます。

　「これ、なに？」と鳥にたずねた人間の目は、「これ」と指されたものを見ています。声をかけた相手の鳥と瞬時、目を合わせたのち、ふたたび対象を見る、ということもします。

　カラスやインコは、人間の視線を辿って、その目が見ている先を知ることができます。一度視線が合ったのち、視線の対象が別のものに移動するというのも、視線移動を促す合図になります。

　他者の視線を追うという行為を、人間はごく自然に行っていますが、カラスやインコほか、多くの鳥にとっても、それはごくふつうに備わった才能であり、特質です。

　また、飼育されている鳥は、人間の指が、ある意味、鳥の「くちばし」に相当するものであることを理解しています。もともと鳥のくちばしは、ヒナやつがいの相手などに対して、「ほら、これを食べなさい」とか「ここに食べられるものがあるよ」などを示すものでもありました。誕生直後から自分の足で歩ける離巣性の鳥の

親は、くちばしで食べ物を突ついてみせたり、食べてみせたりします。そうやって食べられるものなどを教えていきます。

危険察知の本能

仲間の鳥や、ほかの生き物がなにを見ているのか知ることは、食べるものを見つけるのに役立つほか、危険を察知する手段にもなります。捕食する側の生き物が自分、またはだれかをじっと見つめていたら、それは襲いかかるタイミングをうかがっていたり、狩りが成功する可能性があるかどうかを見きわめていると考えられます。それを知ることは、鳥にとって、とても重要なことです。

家庭でイヌやネコと暮らしている鳥では、視線による危険察知能力が同居する動物に対しても適用されて、関係を判断する基盤にもなっています。相手が必要以上に自分を見ず、またその視線に危険なものが潜んでいないことを察することで、安心が生まれ、よい関係へと至る「礎(いしずえ)」が、少しずつできあがっていきます。

親鶏とひよこ

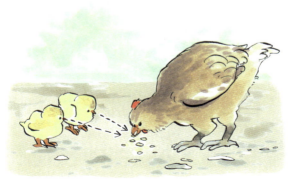

親は、くちばしの先にあるもの、そのときにくちばしで突ついているものを見ています。ヒナはその行動と、親の視線の先にあるものを見ることで、生きるための経験値を上げていきます

3　鳥にとっての浮気と純愛

▶▶▶ オシドリ、カモ類

　私たちは「浮気」や「不倫」に対して敏感で、動物がそうした行動をした場合も、人間基準で「悪」と考えがちです。動物が結婚、離婚を繰り返すことに、抵抗を感じる人もいます。

　仲むつまじい様子を見せる夫婦を「オシドリ夫婦」と呼んだりしますが、当のオシドリが夫婦であるのは、出会いの秋から翌春の繁殖シーズンまで。しかもメスの産卵が終わるまでに限定されています。結婚相手は毎年変わり、オスは抱卵にも育雛にも、一切タッチしません。末永く、愛情深い結婚生活……では、残念ながらありませんでした。もっともそれは、オシドリに限ったことではなく、カモ類ではありがちなことなのですが。

カモの母親とヒナたち

カモの母親は、基本的に1羽だけで子育てをします。それが可能なのは、カモ類のヒナは生まれてすぐに自力で歩くことができ、自分でエサを食べることができる離巣性、早成性の鳥だからです
写真提供：神吉晃子氏

そうした事実を知ると、人間はときに、「そんな鳥だと思わなかった」と顔をしかめることもあります。しかし、死ぬまで寄り添う純愛も、浮気や不倫も、短い結婚生活も、すべては子孫を残し、種がもつ遺伝子の幅を狭めないためのもの。一夫一婦に限定されない結婚生活もそうです。人間の価値観を押しつけるように鳥を見て、自然な鳥のあり方を否定しないでほしいと願います。

鳥の結婚のかたち

とはいえ、それでも鳥の結婚形態は一夫一婦が圧倒的に多く、鳥類の90パーセント以上が一夫一婦です。

一夫一婦、一妻多夫、一夫多妻、多夫多妻という形態があるなか、1990年代に報告されたデータでは、一夫一婦が91.6パーセント、次に多いのが集団で暮らす多夫多妻で、およそ6パーセント。残りが一妻多夫か一夫多妻という状況でした。

裸で、目も見えない状態でヒナが生まれてくる晩成性の鳥で、一夫一婦が93パーセントを占めるなど、全体と比べて多いのは、子育てが苛烈で、両親が揃っていないと無事にヒナを巣立たせることが困難だからです。子育てメインの鳥の夫婦関係は、人間の子育てにおける夫婦関係と重なる部分が多分にあります。

EPCが遺伝子の交じり合いを促進する

DNAを調べることで、親子の関係は簡単にわかります。生まれてきたヒナのDNAを鑑定すれば、卵を抱いて育てた両親の実子かどうか知ることができます。同種の巣にこっそり卵を産みつける種内托卵ももちろんありますが、「片親」のDNAだけを受け継いでいたとしたら、その子が「浮気の結果、生まれたこと」を意味します。

多くの鳥で調べられた結果、決まったつがい相手以外と交尾を

する「つがい外交尾（EPC = Extra-Pair Copulation）」は、ごく当たり前のように見られることがわかりました。つがいの相手に気づかれないように、こっそり他者と交尾をする鳥は、オスもメスも意外に多いということです。

1羽の鳥にとってもっとも重要なことは、自分の子を確実にこの世界に残すことであり、種全体からすれば、なにかあっても絶滅することなく遠い未来まで種を存続させることが至上課題です。そのためには、広く遺伝子が混じり合い、そのバリエーションが十分にあることが重要になります。

EPCは本人の意思というより、遺伝子に刻まれた種としての命令を受けての行為と考えるべきなのかもしれません。

EPCのリスク

ただし、不特定多数の相手との交尾を繰り返すようなEPCには、人間の場合と同じ「リスク」も存在します。

鳥の交尾はオスがメスの背中に乗り、総排泄孔（実際には、総排泄孔から外に飛び出してきた、その奥にある総排泄腔の組織の一部）を接触させることで行います。その際、水鳥の多くやニワトリ、ダチョウなど一部の鳥のオスでは、陰茎状の突起物が表にでてきます。

ウィルス性の感染症や内部・外部寄生虫をもつ相手と交尾をすれば、当然、そこには感染のリスクが生じます。盛んにつがい相手以外の鳥との交尾を繰り返せば、病気をもらう確率が跳ね上がりますが、病気を未然に防ぐような意識は鳥には存在しません。

そうしたリスクが存在しても、鳥にとっては、EPCもまた種の繁栄のためには不可欠なもの、という感じなのでしょう。

4 たがいに押しつけあって、負けた方が子育てする？

▶ ▶ ▶ ツリスガラ

　ツリスガラは、中国からヨーロッパに至るユーラシア中緯度の広い範囲に棲みます。冬鳥として渡ってくるため日本でも見ることができる鳥ですが、飛来地が中部地方以南に限られているため、関東や東北で目にすることはあまりありません。

　ナベヅルやマナヅルが飛来して越冬することで知られている鹿児島県出水市などにツリスガラの越冬地があること、日本に飛来するツリスガラの繁殖地が、ロシアと北朝鮮の国境にも近いロシア沿海州の最南部周辺であることが、山階鳥類研究所の調査などから判明しています。

　ツリスガラも広い意味で「カラ類」という小型鳥のグループに入りますが、シジュウカラやヤマガラ、コガラなどが属するシジュウカラ科とは別の「ツリスガラ科」という独立した科になります。ツリスガラ科の鳥は、おもにアフリカを中心に分布しています。

　ツリスガラの名前は、木の枝につり下げられた丈夫なフェルト状の巣に由来しています。ツリスガラは、人間がバッグとして利用することもできるほどの強度をもった袋状の巣の中で卵を抱き、子育てをします。巣は、敵が襲ってきにくい川や池など水のある場所の上に張り出すようにつくられます。

　ツリスガラ科の鳥はかなり慎重な性格のものが多いようで、こうした場所に、入り口の狭い独特の形状の巣をつくることで、やっと安心して子育てができるようになります。

　アフリカに棲むキバラアフリカツリスガラにいたっては、さらに慎重で、リスクマネジメントの観点から、本当の入り口のほかに、

巣にもう1つ小さな袋状の部分をつくり、天敵に「放棄された巣」という印象を与える戦略を採ります。

こうした巣をつくることで、本来の巣の中にいるヒナの安全性が大きく高まりますが、親鳥は、巣を離れる際に本当の巣の入り口を閉じてしまうという念の入れようです。子孫を残すための高度な戦略を、こうした姿勢の中に見ることができます。

ツリスガラのくちばしは、ほかのカラ類のくちばしよりもずっと細く、繊細な作業に向いたものになっています。いうなれば、高性能のピンセットというイメージでしょうか。

繁殖シーズンになるとツリスガラのオスは、このくちばしを使って、中でヒナが成長しても壊れることのない頑丈な巣をつくりあげ、メスを招きます。メスがその巣を気に入ると交尾し、やがて産卵します。

ツリスガラの巣

その頑丈さから、繁殖が終わった巣を取って、人間がちょっとしたバッグとして利用することもあるようです

どちらが抱くか、押しつけあう

　一般的な鳥ならば、そこでどちらか一方、または交代で抱卵に入りますが、ツリスガラはオス・メスともに、「自分の遺伝子をより多く残したい」という思いが強いようで、「あとはキミに任せた」と背を向けて巣を去ろうとすることもよくあると報告されています。

　最終的にはメスが負けてそこで子育てに入ることが多いのですが、「あんたが抱きなさい！」と命じられたオスが抱卵、育雛する巣も全体の2割ほどあるとか。

　さらには、有精卵がそこにあるにもかかわらず、オス・メスともにそこを離れてしまう、いわゆる抱卵放棄、育児放棄される巣が2割ほどあると報告されています。

ツリスガラ

体長は11センチメートルほど。コガラよりひと回り小さな体格です。名前の由来にもなった巣が特徴ですが、日本では繁殖しないため、その巣を見ることができません。　　　　写真提供：iStock.com/ilyasov

DATA　日本には冬鳥として本州中部以南に渡ってきます。ほかのカラ類とはちがって平地のヨシ原が住まいとなります。1970年くらいまで、日本ではあまり見ることのない鳥でしたが、現在は当たり前の冬鳥として観察されるようになりました。

5 自分の遺伝子を残すためにここまでやる!?

▶▶▶ ツバメ、トサカレンカク、ヨーロッパカヤクグリ

なにがなんでも自分の遺伝子を残したい鳥がいます。

多くの場合、相手を選べる立場にいるのはメスであることから、焦った行動に出るのは、大概オス。そしてそんなオスは、いい相手が目の前に現れるまで待つといった悠長なことはしません。

安手の愛憎ドラマのように、すでに関係が成立し、繁殖に入っているつがいのあいだに強引に割り込み、別れさせることでメスを手に入れようとするケースも実際にあります。

そんな強引な相手がまわりにいなかったとしても、オスは100パーセント安心してはいられません。つがいの相手が知らないうちに、知らないだれかと交尾してしまうかもしれないからです。

4章でも触れたように、メスの体内には受け取ったオスの精子を生きた状態で長期間溜めておく貯精嚢があります。そのため、本来、あまりひんぱんに交尾する必要はないにもかかわらず、巣づくりの最中も、盛んに交尾を繰り返す種がいます。愛情によるものというより、これには、ほかのオスを近づかせないようにするためとか、メスがこっそり浮気するのを防ぐための"拘束"という意味合いが強く含まれていると考えられています。

また、メスが多くのオスと交尾する種の中には、絶対に自分の精子で受精してもらうために、先に交尾してメスが体内に取り込んだほかのオスの精子をそこから掻きだしてから交尾をするようなケースもあります。

鳥のあいだでも、私たちの見えないところで、さまざまなドラマチックな愛憎劇が繰り返されているようです。

相手を離婚させて夫の座に座る鳥

まだ幼いツバメのヒナが巣から落ちていることがあります。

巣自体は壊されず、きれいなままで、ヒナだけが落ちていたとしたら、それはカラスなどの外敵のしわざではなく、その巣の持ち主ではない若いオスのツバメがやってきて、「子殺し」をする目的で落としたのかもしれません。

ツバメの場合、育雛中のヒナが全滅してしまうと、つがいの関係は解消され、時期が十分に早ければメスは新たなオスを探して再度の育雛にかかります。それゆえに、繁殖相手を見つけられなかった若いオスは、カップルを破局させる目的で、ときどきこうした強行手段に打ってでることがあるのです。

ツバメ

抱卵はだいたいメスの役目で、メスが卵を抱いているあいだ、オスはせっせと食べ物を運びます。人間の家や駅の軒下に巣をつくることで、カラスなどからヒナを守ってきました

DATA 夏鳥として、春に東南アジアから日本にやってきて子育てをします。成長期のヒナには多くの食料が必要なため、野山に虫が増える5〜6月が育雛の中心となります。エサが十分あるときなど、二度目の育雛に取りかかることもあります。

もしもそのオスが長い尾羽をもっていたら、メスにはその姿が魅力的に見えて交尾にOKサインを出すかもしれません。しかし、実際には、そのオスにも"つがいになるチャンスができる"というだけであり、自分の遺伝子を残したいという思惑が必ずしも満たされるとは限りません。

　繁殖相手を得るための子殺しは哺乳類でも見られます。ボスの座を勝ち取ったハヌマーンラングールは、前ボスの子である乳児を残らず殺し、メスの発情を促すことが知られています。

　なお、例は少ないものの、自分の子孫を残すための子殺しが鳥類のメスによって行われることもあります。たとえばそれは、一妻多夫で、オスが1羽で子育てをするような鳥、トサカレンカクなどで見ることがあります。

　子を殺され、自分の遺伝子をもったヒナがいなくなると、オスにはあらためて繁殖のスイッチが入ります。その際、ヒナを殺したメスがもっとも身近なメスになることから、交尾して、そのヒナを育てることがあることが知られています。

先に交尾したオスの精子を放出させてから交尾する鳥

　鳥のメスは、交尾したオスの精子を溜めておける貯精嚢を卵管と総排泄腔の接合部である「子宮・膣移行部」にもちます。

　ヨーロッパの南部や西部に分布するスズメサイズの鳥であるヨーロッパカヤクグリのメスの多くは、繁殖期に複数のオスと交尾しますが、オスは自身が交尾する前にメスのお尻の穴、総排泄孔をくちばしで突つくことが知られています。すると、ゼリー状の塊のかたちでメスが溜め込んだほかのオスの精子が排出されるので、それを見とどけてから、やっと交尾行為を始めます。

　絶対に自分の子を生ませるという執念を、そこに見ます。

6　オスどうしでも育児

▶▶▶ マゼランペンギン、キングペンギン

「繁殖して子孫を残せ」と、遺伝子を通じて本能が命じます。鳥類も哺乳類もその声にしたがって、結婚相手を見つけて自分の遺伝子を受け継いだ子をつくり、育てていくわけです。

その場——繁殖の現場にいるのは、「オスとメス」というカップル……のはずなのですが、実は群れをつくるような社会性のある鳥類や哺乳類のあいだでは、異性愛ではない個体もけっして珍しくはありません。集団の数が大きくなると、その中には異性に指向が向かない個体が必ず存在するようになります。

鳥類の中では、ペンギンの仲間に同性に愛情を注ぐ個体が多い印象を受けます。特に十分な異性が確保できず、選ぶ相手の選択肢が少ない動物園や水族館でオスどうしのカップルができてしまう傾向があり、そうした報告が世界各地から上がってきています。

ただ、鳥類には、本来の性的な指向に加えて、「好きになってしまったのだからしかたない」という思考も存在します。同種の異性と結婚して子孫を残せという本能の声が聞こえなくなるほどに好きになってしまった相手が同性だった、という例が人間にあるように、ペンギンでも同じような状況で同性が好きになり、その相手以外に心が動かなくなってしまった、というケースも存在すると考えられています。

オスとオスのペアだって子育てしたい！

同性が好きな鳥どうしであっても、「子育てしたい」という強い欲求が生まれることがあります。それは発情を促すホルモンの周

期がつくる、抗いがたい心の衝動です。

　鳥の世界では、同性を好きになるのはオスの方が多いようで、オスどうしのカップルに比べて、メスどうしのカップルの話はあまり聞きません。メスどうしのカップルであれば、ホルモンの影響を強く受けた瞬間にどちらかが衝動的に身近なオスと交尾をすれば、有精卵を得ることができます。しかし、オスどうしの場合、どちらも卵を産むことはできないので、本来なら、子育てはスタートしません。できません。

　どうしても子育てがしたいと思った個体は、抱卵している近くのカップルから卵を奪って自分のものにしようとすることもありますが、大抵は怒った相手に返り討ちにあいます。それでも何度も卵泥棒に挑む姿が、野生でも飼育下でも確認されています。

手（フリッパー）を重ね合う同性のマゼランペンギン

好きになってしまったのだからしかたない。ペンギンの同性カップルは、そんなかんじに見えます。まわりのペンギンも、同性カップルに偏見をもちません。人間の手のようにして手をつなぐことや、にぎることはできませんが、野生でも、手と手を重ねるようにフリッパーを重ねるペンギンの姿を見ることがあります

抱卵放棄された卵を拾って抱き始めることもありますが、成長途中で死んでしまった卵だったり、無精卵だったりするなど、抱いてみても孵らないことが多々あります。少し時間が経ったあとで、せっかく育児ができると思ったのに……と、無念に思うペンギンの気持ちは、よく理解できます。

そうしたなか、2012年に、デンマークのオーデンセ動物園で抱卵を始めたキングペンギンのメスが、ほかのオスに惹かれて抱卵を放棄するという"事件"が起きました。

ここには、同種のオスどうしの同性カップルがいて、卵を盗もうとしたり、エサのニシンなどまで擬卵として抱いてみるなど、育児を渇望する様子が見られたことから、ペンギンの卵そっくりの擬卵を使い、2羽が上手く交代で抱けるか確認したのち、抱卵放棄された卵を預けてみたところ、すぐさま抱卵を始め、やがて卵は孵化。ヒナはその後も仮の両親のもとですくすく成長しました。

すべてが丸くおさまった、とても幸運な事件となりました。

キングペンギン

キングペンギンはコウテイペンギンの仲間で、コウテイペンギンに次ぐ大きさの鳥です。コウテイペンギンが南極で繁殖するのに対し、キングペンギンは南極周囲から南米南端にかけて分布します

写真提供：iStock.com/Forrestbro

7 親の子育てを手伝うヘルパー鳥

▶▶▶▶オナガ

　孵化直後から目も見えていて、すぐに巣を離れて親について歩き、自力でエサも食べられる早成性の鳥は別ですが、裸で生まれてきて、目も見えず、巣立ちまでずっと親が細やかに世話をする必要がある晩成性の鳥の子育ては、本当に重労働です。

　もっともたいへんなのは、食欲旺盛な育ち盛りのヒナに必要なだけのエサを届けること。野生だけでなく、飼育下でさえも、過労による心臓発作などで亡くなる親鳥が少なからずいます。

　また、いわゆる小鳥だけでなく、カラスなどの中型、大型の鳥でさえもヒナは弱く、外敵の餌食になりかねないため、敵からヒナを守ることも、親の大事な役目となります。しかし、親がもつ時間も体力も有限であるため、ときにリスクも覚悟のうえで、時間と体力を割り振りながら子育てをすることになります。

　こうした鳥が「つがい」関係をつくるのは、そうしないと体力的に子育てが不可能なことが多いためです。2羽になっても育雛は、まだまだたいへんな「事業」ですが、2羽で役割分担をして子育てできれば、体力が限界に至るまでに多少の余裕もできて、より確実にヒナを育て上げることが可能になります。

育児放棄も重要な決断

　子育て途中で、なんらかの理由により片親が死んでしまったとき、残された親が、最後の最後に育児を放棄することがありますが、それはヒナの死と自分の過労死を天秤にかけた、苦渋の決断の結果です。

自分が死んでしまえば、当然、ヒナも死にます。しかし、自分が生きてさえいれば、次のシーズンに別のパートナーとのあいだで繁殖も可能で、さらには自分が生きている限り、次年以降も毎年、ヒナを育て続けることができます。

育ちつつあるヒナに対し、親として愛情を感じていたとしても、育児放棄は、その親鳥にとって、自身の遺伝子を残すための最良の一手であることもまた確かであり、このままでは命がもたないと感じられた際、本能が離脱を強く指示するのも、生物としてはごく自然なことです。

人間のようにぐるぐる考え、思い悩んで決めるわけではなく、鳥は、ある日、ある瞬間に、今回の育児を中止する決断をします。

人間からすれば、「なんで？」という思いが先に来てしまうことも多いかもしれませんが、そういった決断も含め、受け入れてあげたいものです。

ヘルパーが繁殖の成功率を上げる

こうした悲劇を回避する手段として、一部の鳥が採用したのが「ヘルパー」という制度です。前年や前前年に同じ親のもとを巣立った兄弟、姉妹が親の育児を手伝うケースが多く見られますが、アフリカのヒメヤマセミのように、まったく血縁関係のない鳥がヘルパーとして育雛に参加する例もあります。

鳥の成長は速く、誕生から1年もあれば十分に繁殖できるレベルに体は成熟しています。それにもかかわらず、あえて繁殖相手を見つけることをせずに、親のもとにやってきてその年の子育てを手伝う様子もよく見られます。

ヘルパーがヒナのエサ探しを手伝ってくれれば、両親は安心してヒナを抱いて守ることができます。親もしっかりエサを食べ、

体力を維持することができます。また、複数のヘルパーがいれば、巣の監視も強化されて、ヒナの安全性が何倍にも高まります。

　こうした背景もあり、ヘルパーがいる巣といない巣では、無事に巣立つヒナの数に明らかな有意差があることを、複数の論文が報じています。もちろん、過労で親が死ぬことも減って、その年の繁殖をまっとうできる確率も上昇します。

不安定な環境でもヘルパーが力を発揮

　日本のように気候のサイクルが安定している場所では、ヒナのエサとなるものが激減するような事態はあまり起こりませんが、雨季と乾季がある土地などでは、大事な育雛の時期にエサがきわめて少ない年もでてきます。当然、餓死するヒナも続出します。

　そうした土地で、複数のヘルパーが育雛に参加すれば、ヒナに与えるエサを見つけられる確率が数倍に上昇し、巣立ちを迎えられるヒナが増えることになります。また、ヘルパーとなった鳥たちが繁殖しなかった分も、相対的に供給可能なエサが増えることになります。結果として、その種が激減することが回避され、種全体の維持にもつながっていきます。こうしたこともヘルパーが存在する意味であり、理由であると推察されています。

　このほか、ナワバリが過密状態にあることから、どこかが空くまで両親のもとで暮らし、その間は子育てを手伝う、というケースもあるようです。

　いずれにしても、ヘルパーの成り立ちやその存在には、人間にも近い事情が見え隠れしていて興味深く感じられます。

日本ではオナガにもヘルパーが

　長い尾と、翼や尾の水色の羽毛が目立つオナガは、都市部で

もよく、「ゲー」という声で鳴きながら低い空を飛んでいます。カラスの仲間でありながら、カッコウの托卵先となる鳥種の1つでもあります。

　ヘルパーがいる鳥として、オナガは日本でも注目され、よく研究されています。

　オナガの場合、繁殖を始めるのはメスで2年目、オスが3年目からです。そのため、前年に生まれた若鳥の多くが両親の近くで暮らしていて、ごく自然に弟や妹の育児に協力するようです。その姿は、どこか昭和の家庭の匂いを感じさせます。

　オナガの両親にとって、自分の子供がヘルパーとしてついてくれることには、繁殖成功率を高められるだけでなく、"身内"がそばにいてくれるという安心感もあるでしょう。若鳥にしても、自分が繁殖を始める前に経験する、有益な実地訓練になります。

オナガ

「ゲー」という鳴き声がきれいでないという声もときどき聞きますが、黒い頭、長い水色の尾には、ほかの鳥にはない独特なキュートさがあるように感じています

索引

英字
DNA	104、169
EPC	169

あ
アオアズマヤドリ	42
アオバト	89
アカゲラ	115
東屋	42
アネハヅル	55
アマツバメ	104、133
アメリカカイツブリ	46
アリスイ	115、118
アレックス(ヨウム)	34
育雛	19、60、74、91、168
異型鼓膜器官	123
一夫一婦	38、169
遺伝子のスイッチ	79、138
インプリンティング	74
ウグイス	108
ウズラ	77、100、108
ウミウ	81
ウミツバメ	84
ウロコ	138
エコロケーション	123
エゾライチョウ	100
塩類腺	84
オカメインコ	129
置き石事件	93
オシドリ	110、168
雄ヘテロ型	154
オナガ	112、182
オナガセアオマイコドリ	42、47
音声学習	35

か
海馬	33、91
蝸牛管	121
カケス	32
風切羽	64、111、136、140、142
可視域	78、159
カツオドリ	66
カッコウ	61、183
カナリア	124、144
カルガモ	74
カルシウム	149、150
カレドニアガラス	20、26、97
カロチノイド	70、78、144
カワセミ	80
カワラバト	68、88
カワリモリモズ	145
換羽	80
眼球	63、132、158
閑古鳥	61
桿体細胞	63、158
キーウィ	72、92、146、156
擬似餌	48
キツツキ	20、114
気嚢	54
キバラアフリカツリスガラ	171
キビタイボウシインコ	135
キュウカンチョウ	35
嗅球	92
キングペンギン	179
空間記憶	33、91
櫛爪	118
クビナガカイツブリ	46

184

クブラ	122
クリムネサケイ	162
クルミ割り	95
クロアカ	149
グンカンドリ	133
ケア	29
ケラチン	128、138
恒温性	58
高脂血症	125、126
構造色	78
コウテイペンギン	70、131、134、179
コウライウグイス	144

さ

ササゴイ	48
三半規管	39、122
指骨	136、165
糸状羽	143
シチメンチョウ	125
受精卵	147、152、155
シラコバト	88、117
シロビタイムジオウム	26
シンクロ	46
心拍数	127
心理	12、27、36
錐体細胞	63、158
スキハシコウ	162
ズグロモリモズ	145
刷り込み	74
正羽	143
性染色体	154
セキセイインコ	38、79
絶対音感	40
セレーション	65
「ゼロ」の概念	37
潜水	81、84、131
総排泄腔	148、153、176
そ嚢	69、72

た

対向流熱交換システム	82
胎生	68、156
ダウン（綿羽）	143
托卵	61、113、169、183
ダチョウ	8、72、136、160
タンチョウ	82、127
チョウゲンボウ	104
頂体	122
貯食	32、93
貯精嚢	148、152、174
鶲	144
つがい外交尾	170
ツバメ	143、175
ツメバケイ	137
ツリスガラ	171
伝書鳩	88
道具	9、12、19、26、97
ドードー	72
トサカレンカク	164、176
ドバト	68、88
ドラミング	26、114

な

ニワシドリ	42
ノンレム睡眠	132

は

梅園禽譜	101、109
ハシビロコウ	52
ハシブトガラス	13、94
ハシボソガラス	13、30、93
ハチドリ	58、104、127
バトラコトキシン	145
ハヤブサ	104
半球睡眠	133
晩成性	156、169、180

パンタグラフ	65
ヒクイドリ	72
ピジョンミルク	69、72、91
微睡動物	132
ピトフーイ族	144
ヒメヤマセミ	181
氷河期	100、113
フィオメラニン	78
フィガロ(シロビタイムジオウム)	27
フェザー	143
フクロウ	62、64、139、143、158、160
フラミンゴ	70、144
フラミンゴミルク	70
フリッパー	82、178
文化	21、48、95
ブンチョウ	13、40、151
ベティ(カレドニアガラス)	23
ベニイロフラミンゴ	70、144
ヘルパー	181
ペンギンミルク	70
ボウシインコ	72
抱卵斑	138、157
ホモバトラコトキシン	145

ま

マイコドリ	47
ミオグロビン	90
ミズナギドリ	84、86、104
ミフウズラ	108
ミヤマオウム	29
ミヤマガラス	24、94
味蕾	128
鳴管	34、54、131
メジロ	131
雌ヘテロ型	154
メタボリック・シンドローム	126
メラニン	78
綿羽	143

メンフクロウ	62
モデル・ライバル法	36

や

ヤシオウム	26
ヤドクガエル	145
有毛細胞	121
ユーメラニン	78
夢	132
ユリカモメ	136
ヨウム	34
ヨーロッパカヤクグリ	176
ヨタカ	104、118、123、143

ら

ライチョウ	80、100、139
卵管采	147
卵巣	146
離巣性	74、166、168
レム睡眠	132

わ

ワカケホンセイインコ	116

《 参 考 文 献 》

『鳥類学』	フランク・B・ギル/著、山岸哲/監修、山階鳥類研究所/訳(新樹社、2009年)
『動物大百科 第7巻 鳥類I』	C.M.ペリンズ、A.L.A.ミドルトン/編、黒田長久/監修(平凡社、1986年)
『動物大百科 第8巻 鳥類II』	C.M.ペリンズ、A.L.A.ミドルトン/編、黒田長久/監修(平凡社、1986年)
『動物大百科 第9巻 鳥類III』	C.M.ペリンズ、A.L.A.ミドルトン/編、黒田長久/監修(平凡社、1986年)
『日本動物大百科 第3巻 鳥類I』	日高敏隆/監修(平凡社、1996年)
『日本動物大百科 第4巻 鳥類II』	日高敏隆/監修(平凡社、1996年)
『日本の鷲鷹』	真木広造/著(平凡社、1998年)
『鳥』	コリン・タッジ/著、黒沢令子/訳(シーエムシー出版、2012年)
『鳥のはなし I』	中村和雄/編著(技報堂出版、1986年)
『鳥のはなし II』	中村和雄/編著(技報堂出版、1986年)
『♂♀のはなし 鳥』	上田恵介/著(技報堂出版、1993年)
『鳥の生活』	M.ブライト/著、丸武志/訳(平凡社、1997年)
『アレックス・スタディ』	アイリーン・ペッパーバーグ/著、渡辺茂ほか/訳(共立出版、2003年)
『アレックスと私』	アイリーン・ペパーバーグ/著、佐柳信男/訳(幻冬舎、2010年)
『人間らしさとはなにか?』	マイケル・S・ガザニガ/著、柴田裕之/訳(インターシフト、2010年)
『恐竜はなぜ鳥に進化したのか』	ピーター・D・ウォード/著、垂水雄二/訳(文藝春秋、2008年)
『鳥類学者 無謀にも恐竜を語る』	川上和人/著(技術評論社、2013年)
『骨と筋肉大図鑑 3 鳥類』	川上和人、真鍋真/著(学研教育出版、2012年)
『鳥たちの驚異的な感覚世界』	ティム・バークヘッド/著、沼尻由紀子/訳(河出書房新社、2013年)
『鳥を識る』	細川博昭/著(春秋社、2016年)

『鳥の脳力を探る』	細川博昭/著(サイエンス・アイ新書、2008年)
『身近な鳥のふしぎ』	細川博昭/著(サイエンス・アイ新書、2010年)
『みんなが知りたいペンギンの秘密』	細川博昭/著(サイエンス・アイ新書、2009年)
『輸入された鳥、身近な鳥 江戸時代に描かれた鳥たち』	細川博昭/著(ソフトバンク クリエイティブ、2012年)
『インコのひみつ』	細川博昭/著(イースト・プレス、2016年)
『ペットは人間をどう見ているのか』	支倉槙人/著(技術評論社、2010年)
『見える光,見えない光』	日本比較生理生化学会/編（共立出版、2009年)
『鳥ってすごい！』	樋口広芳/著(ヤマケイ新書、2016年)
『小学館の図鑑NEO[新版]恐竜』	冨田幸光/著・監修(小学館、2014年)
『小学館の図鑑NEO[新版]鳥』	上田恵介/監修(小学館、2015年)
『21世紀こども百科 恐竜館』	北村雄一/著（小学館、2007年)
『決定版 日本の野鳥650』	真木広造/写真、大西俊一、五百澤日丸/解説(平凡社、2014年)
『アオバトのふしぎ』	こまたん/著（HSK、2004年)
『カラスの自然史 ──系統から遊び行動まで』	樋口広芳、黒沢令子/著(北海道大学出版会、2010年)
『カラスの常識』	柴田佳秀/著(子供の未来社・寺子屋新書、2007年)
『世界一賢い鳥、カラスの科学』	ジョン・マーズラフ、トニー・エンジェル/著、東郷えりか/訳(河出書房新社、2013年)
『都市の鳥類図鑑』	唐沢孝一/著(中公文庫、1997年)
『鳥の不思議な生活』	ノア・ストリッカー／著、片岡夏実/訳(築地書館、2016年)
『明解 哺乳類と鳥類の生理学(第四版)』	William.O.Reece/著(学窓社、2011年)
『コンパニオンバードの病気百科』	小嶋篤史/著(誠文堂新光社、2010年)
『図解・感覚器の進化』	岩堀修明/著(講談社ブルーバックス、2011年)

書名	著者/編者（出版社、年）
『ゾウの時間 ネズミの時間』	本川達雄/著（中公新書、1992年）
『原色家畜家禽図鑑』	上坂章次/著（保育社、1964年）
『比較海馬学』	渡辺茂・岡市広成/編（ナカニシヤ出版、2008年）
『もの思う鳥たち 鳥類の知られざる人間性』	セオドア・ゼノフォン・バーバー/著、笠原敏雄/訳（日本教文社、2008年）
『小鳥の歌からヒトの言葉へ』	岡ノ谷一夫/著（岩波科学ライブラリー、2003年）
『言葉はなぜ生まれたのか』	岡ノ谷一夫/著（文藝春秋、2010年）
『つながりの進化生物学』	岡ノ谷一夫/著（朝日出版社、2013年）
『鳥脳力』	渡辺茂/著（化学同人、2010年）
『ハトがわかればヒトがみえる』	渡辺茂/著（共立出版、1997年）
『ヒト型脳とハト型脳』	渡辺茂/著（文春新書、2001年）
『美の起源 アートの行動生理学』	渡辺茂/著（共立出版、2016年）
『つばめのくらし百科』	太田眞也/著（弦書房、2005年）
『資料 日本動物史』	梶島孝雄/著（八坂書房、2002年）
『失われた動物たち』	WWF Japan/監修（広葉書林、1996年）
『日本鳥類目録 改訂第7版』	（日本鳥学会、2012年）
特集「音声コミュニケーション——その進化と神経機構」、『生物の科学 遺伝』	（裳華房、2005年11月号）
「17世紀、出島に「来日」していたドードーをめぐって」、『動物観研究』(No.21)	（ヒトと動物の関係学会誌、2016年12月）

このほか、多くの書籍、論文、報道資料（Webを含む）などを参考にしています。

著者プロフィール

細川博昭(ほそかわ ひろあき)

作家、サイエンス・ライター。鳥を中心に、歴史と科学の両面から人間と動物の関係をルポルタージュするほか、先端の科学・技術を紹介する記事も執筆。おもな著作に、サイエンス・アイ新書『教養として知っておくべき20の科学理論』『マンガでわかるインコの気持ち』『身近な鳥のふしぎ』『鳥の脳力を探る』(SBクリエイティブ)、『鳥を識る』(春秋社)、『インコのひみつ』(イースト・プレス)、『インコの謎』『インコの心理がわかる本』(誠文堂新光社)などがある。日本鳥学会、ヒトと動物の関係学会、ほか所属。

イラスト:ものゆう
http://monoyou.moo.jp/
本文デザイン・アートディレクション:クニメディア株式会社
校正:曽根信寿

サイエンス・アイ新書 発刊のことば

「科学の世紀」の羅針盤

　20世紀に生まれた広域ネットワークとコンピュータサイエンスによって、科学技術は目を見張るほど発展し、高度情報化社会が訪れました。いまや科学は私たちの暮らしに身近なものとなり、それなくしては成り立たないほど強い影響力を持っているといえるでしょう。

　『サイエンス・アイ新書』は、この「科学の世紀」と呼ぶにふさわしい21世紀の羅針盤を目指して創刊しました。情報通信と科学分野における革新的な発明や発見を誰にでも理解できるように、基本の原理や仕組みのところから図解を交えてわかりやすく解説します。科学技術に関心のある高校生や大学生、社会人にとって、サイエンス・アイ新書は科学的な視点で物事をとらえる機会になるだけでなく、論理的な思考法を学ぶ機会にもなることでしょう。もちろん、宇宙の歴史から生物の遺伝子の働きまで、複雑な自然科学の謎も単純な法則で明快に理解できるようになります。

　一般教養を高めることはもちろん、科学の世界へ飛び立つためのガイドとしてサイエンス・アイ新書シリーズを役立てていただければ、それに勝る喜びはありません。21世紀を賢く生きるための科学の力をサイエンス・アイ新書で培っていただけると信じています。

2006年10月

※サイエンス・アイ（Science i）は、21世紀の科学を支える情報（Information）、
　知識（Intelligence）、革新（Innovation）を表現する「 i 」からネーミングされています。

= SB Creative

サイエンス・アイ新書
SIS-377

http://sciencei.sbcr.jp/

知っているようで知らない鳥の話
恐るべき賢さと魅惑に満ちた体をもつ生きもの

2017年3月25日　初版第1刷発行

著　者	細川博昭（ほそかわひろあき）
発行者	小川　淳
発行所	SBクリエイティブ株式会社
	〒106-0032　東京都港区六本木2-4-5
	電話：03-5549-1201（営業部）
装丁・組版	クニメディア株式会社
印刷・製本	株式会社シナノ パブリッシング プレス

乱丁・落丁本が万が一ございましたら、小社営業部まで着払いにてご送付ください。送料小社負担にてお取り替えいたします。本書の内容の一部あるいは全部を無断で複写（コピー）することは、かたくお断りいたします。本書の内容に関するご質問等は、小社科学書籍編集部まで必ず書面にてご連絡いただきますようお願いいたします。

©細川博昭　2017 Printed in Japan　ISBN 978-4-7973-8920-3

SB Creative